都市绿化 *Urban Green*

U0299614

比利时 Wirtz International 景观设计公司，阿尔伯特二世国王大街（Boulevard du Roi Albert II），布鲁塞尔，比利时，1992 年

2017年中国美术学院重点高校建设学术著作资助项目

风景园林设计与理论译丛

都市绿化

21世纪欧洲景观设计

Urban Green

European Landscape Design
for the 21st Century

[德]安内特·贝克尔　彼得·卡楚拉·施马尔　编

曾　颖　译

中国建筑工业出版社

著作权合同登记图字：01-2014-6393 号

图书在版编目（CIP）数据

都市绿化:21 世纪欧洲景观设计 /（德）安内特·贝克尔，彼得·卡楚拉·施
马尔编；曾颖译 . — 北京：中国建筑工业出版社，2018.11
（风景园林设计与理论译丛）
ISBN 978-7-112-22835-5

Ⅰ.①都⋯　Ⅱ.①安⋯②彼⋯③曾⋯　Ⅲ.①城市景观 — 景观设计 — 欧
洲 — 21 世纪　Ⅳ.① TU-856

中国版本图书馆 CIP 数据核字（2018）第 236650 号

URBAN GREEN
European Landscape Design for the 21st Century
Annette Becker, Peter Cachola Schmal (Eds.)
ISBN 978-3-0346-0313-3

© 2010 Birkhäuser Verlag GmbH, Basel P. O. Box 44, 4009 Basel, Switzerland, Part of De Gruyter

Chinese Translation Copyright © China Architecture & Building Press 2018
China Architecture & Building Press is authorized to publish and distribute exclusively the Chinese
edition. This edition is authorized for sale throughout the world. No part of the publication may
be reproduced or distributed by any means, or stored in a database or retrieval system, without the
prior written permission of the publisher.

本书中文翻译版由瑞士伯克豪斯出版社授权中国建筑工业出版社独家出版，并在全世界销售。

责任编辑：孙书妍
责任校对：李美娜

风景园林设计与理论译丛
都市绿化：21世纪欧洲景观设计
[德] 安内特·贝克尔　彼得·卡楚拉·施马尔　编
曾　颖　译
＊
中国建筑工业出版社出版、发行（北京海淀三里河路9号）
各地新华书店、建筑书店经销
北京点击世代文化传媒有限公司制版
天津图文方嘉印刷有限公司印刷
＊
开本：880×1230毫米　1/16　印张：14¾　字数：322千字
2018年10月第一版　2018年10月第一次印刷
定价：**149.00**元
ISBN 978-7-112-22835-5
（26899）
版权所有　翻印必究
如有印装质量问题，可寄本社退换
（邮政编码 100037）

目 录

序　言

　　法兰克福的棕榈树公园（Palmengarten），作为一个公共花园，即使建造于 19 世纪下半叶，至今仍然受到国内外的广泛赞赏。这是一个毫无疑问的事实，因为从一开始，它就是一个为公众设计的花园，而不是尊贵的城堡花园或是某个大亨的私家花园。在当时，除了动物园和沿着美茵河（Main River）的散步道，几乎没有可供公众享用的花园。因此棕榈树公园声名远扬并吸引众多游客前往。对那些没有私家花园的人来说，这种经过精心设计的、全新又迷人的公共花园，像是天堂的一角。更有些人来到这里是为设计自己的私家花园寻找灵感。

　　对风景园林师海因里希·西斯迈尔（Heinrich Siesmayer）（1817—1900 年）来说，棕榈树公园是一个成功的商业模式。他的另一个更具有广泛影响的花园模式，是在德国巴特瑙海姆（Bad Nauheim）的温泉花园。西斯迈尔抓住了新兴中产阶级的想象力，创造了一种满足他的公司格布吕德西斯迈尔（Gebruder Siesmayer）的设计需求。在他的回忆录中，他声称总共创造了大约 1000 个花园。

　　西斯迈尔的花园运用丰富多彩的花圃设计，引用经典的山水模式，例如曲折的道路、神殿、洞穴等具有时代特征的元素。这些 19 世纪的花园，尽管大部分元素随着岁月的流逝受到破坏和侵蚀，但它们拥有的丰富茂盛的树木和独具慧眼的视角，使其依旧是重要的文化遗产。

　　当代的风景园林师非常羡慕西斯迈尔能够获得足够大的场地来设计。随着人口爆炸式的增长，城市的规模变得越来越大，而绿地和公园则被缩小到相应的程度。正是这种限制因素，反而能发展出更加有创意的设计。合理地使用预算、减小维护成本等因素听起来将要抹杀很多天才的、有创意的花园设计构思。如果今天要再现西斯迈尔花园里花圃的繁荣盛景，即使是夏季开花期间的维护费用就会超过所有可用的预算。

　　然而，在维持项目成本的前提下，许多风景园林师却被要求提供同样质量水平的设计，毫无疑问，这有多困难。在这本书里，有几篇评论文章详细介绍了一些 20 世纪糟糕的规划决策，以及面对曾经稀疏的城市绿色空间所采用的轻率或平庸的设计方法。这本书还记录了我们如何从这些错误中学习，其结果又是如何变化产生的。书中项目的地点，从阿姆斯特丹、柏林、伦敦、里昂、马德里、巴黎、罗马，到苏黎世和其他一些欧洲城市。项目类型从菜园到公园，从备受瞩目的滨水项目到城市广场，从运动场到居住区林地，从墓地到现代的空中花园。

在城市中，绿地规划要面临城市的复杂情况。书中所呈现的问题和解决方案，将根据这些项目的生态性和心理相关性，以及从文化和功能的角度，是丑陋还是美丽这些方面来评价。

理论和实践方法的多样性可以理解为行动的号召：这个主题对于政治家、客户和投资者来说太重要了，都市环境的绿肺对所有人都是至关重要的。德国的棕榈树公园是无与伦比的，在关于未来花园的概念上它始终是一个先行者。

马赛厄斯·詹妮（Matthias Jenny）
法兰克福棕榈树公园主任

引　言

近年来，正在进行的城市复兴丝毫没有减轻居民对自然的渴望。相反，城市内部的各种解决方案需要满足这种对自然日益增长的需求，同时还要提供设计、生态、社会和经济的保障。例如，时下最关心的城市环境的改善问题，以及由于环境退化导致的城市人口减少或者如何重新利用以前的工业基地问题；都市绿化涉及上面所有这些问题，可以为城市的可持续发展和生态恢复做出重要的贡献。

城市，一方面为文化的、公共的、社会的和经济技术的发展提供最佳条件。另一方面，都市环境不但忽略了居民在生理和生态层面上的需求，从整体层面上，甚至对他们的身心健康和卫生条件造成多方面潜在的危害性及不利因素。基于以上因素，在 20 世纪出现了很多令人印象深刻的城市公园，包括伦敦的海德公园、纽约的中央公园，以及巴黎的布洛涅森林公园（Bois de Boulogne）和文森森林公园（Bois de Vincennes）。第一个经规划的相互串联的城市绿地和开放空间，是 19 世纪晚期位于波士顿的"翡翠项链"公园群，波士顿公园就是这条项链上的第一颗宝石。所以说，没有这些早期的先锋城市公园的影响，许多城市将没有城市绿地。

与许多以农业为生的人相反，在城市居住区进行的私人耕种，通常被称为"都市农业"，一般都是以娱乐为目的。对于城市居民来说，一个私家花园，无论是一小块土地或者只是在阳台上，其代表着一种愉悦的消遣和施展园艺技术的机会。雷伯莱希特·米格（Leberecht

Raderschall Landschaftsarchitekten 事务所，West-Park AG 事务所办公大楼的内庭院，苏黎世，瑞士，2002 年

Migge）曾提议，每家都应该有一个自己的蔬菜花园。这个想法在当代将在更大规模下得以实现，一个好的前提条件是，今天我们对待环境的态度是如此的不同，这使我们能更好地理解可持续发展的必要性。

"花园城市"是同样诱人的愿景。几乎 80% 的欧洲人和全世界近一半的人口居住在城市或城市群里。绿化现代大都市的梦想只能成功，因为这是关乎民众的一种新的生活方式。一个可能的答案是，现代城市居民的需求是一种新的"复合都市空间"（Hybrid Urban Space），它呈现的特征是一方面可以作为公园，另一方面又可以是个广场。[1]

然而，关于这本书的灵感来源是法兰克福。在 1827 年，"自由之城"法兰克福颁布了一个关于保护城市公共绿地的法律宣言（Frankfurt Wallservitut）。宣言把在旧城墙拆除后的地块内建造花园以法律的形式保护起来，并且禁止在那些地块内建造房屋。只有两个例外，一个是老歌剧院，另一个是 Stadtbad Mitte（一个室内游泳池，现在是希尔顿酒店的一部分）。建造房屋的禁令一直保持到今天，这同时也说明了市民对他们所在城市绿地的态度。但在 21 世纪初，这种对公共绿地的热情似乎还没有被重新发现。有时，城市内绿地的维护费用一直被质疑，而与之相对应的结果是这样有价值的开放空间一直受到土地价值利益的挑战，而创建新公园往往是政治的产物或者规划的收获。以法兰克福为例，如何处理未来城市绿化带的发展，将考验市民对城市绿化的态度。

托比阿斯·埃米尔松（Tobias Emilsson）和卡伊·罗尔夫（Kaj Rolf），奥古斯滕堡屋顶植物园，马尔默，瑞典，2001 年本书所选的项目来自一个顾问学术委员会，包括尹肯·福尔曼（Inken Formann）、克里斯托夫·吉鲁特（Christophe Girot）、乌尔里希·马克西米安·舒曼（Ulrich Maximilian Schumann）、冈瑟·沃格特（Gunther Vogt）、乌多·维拉赫（Udo Weilacher）的通力合作。本书展现了 27 个由国际著名景观设计师设计，在欧洲近期建成的开放空间案例。除了这些在阿姆斯特丹、柏林、伦敦、里昂、马德里、巴黎、罗马和苏黎世的项目外，还有两个在法兰克福的都市绿化新案例：滨水步行道和前波那梅斯飞机场改造。项目的选择更关注文化的线索，而不是地理位置。项目选择的目的，首要是说明类型的多样性和展现在城市里体验自然的当代设计方法的宽度和广度，以使其成为日常生活的一部分。

这些项目的类型从小尺度的都市庭院花园（文化公园，柏林）到大尺度的诸如滨水区域（索恩河岸改造项目，里昂）或整个城市的景观总体规划（Pru Rubattino，米兰）。它们还包括作为自然一景的空中花园（垂直花园，卡伊萨文化中心，马德里）和在城市内为野生植被提供的舞台（苏姬兰德自然公园，柏林）。在城市历史街区（马克思·利伯曼的花园，柏林），我们展现了临时的装置（多姆广场，汉堡）；在绿色街道空间（约翰·肯尼迪大道，卢森堡）和户外儿童运动场地（西洋棋盘公园，慕尼黑），我们展现了将工业废弃地转变为可持续的文化景观（韦斯特文化公园，阿姆斯特丹），以及把一个过去的墓地改造为公园的案例（新东部墓园，阿姆斯特丹）；我们还展现了公共花园和私家菜园。同样，不同项目的财政支持程度不同：法兰克福前波那梅斯飞机场改造项目是目前为止费用最低的，每平方米造价 11 欧元；而在伦敦的波特菲尔德公园，每平方米造价高达 833 欧元。

这些项目建成于 1990 年到 2010 年间，它们在利用绿色植物进行城市内部空间设计方面都有突出的影响。这些影响也是我们选择的重点。最近，植物时常被忽视，甚至有意识地被边缘化，在设计开放空间时，大家更喜欢用那些容易维护的人工材料，导致那些看起来似乎很壮观的设计却只用了很简单的植物。看来需要重新学习园艺知识和造园技术。植物放在哪里最合适，怎样维护才能最好，它们的生长模式和生物周期是什么，这样的专业知识需要

高水平的规划者和精心计划的维护理念。显然，植物表面上呈现的复杂维护，是其在众多现代户外空间设计中较少使用的原因之一。

从历史的观点看，公园被肤浅地认为仅仅是由几块被植物控制的土地组成的。但它还被认为是一个用植被和更多的元素组成的联合体，尤其是被修整过的地形和大片的水面，因为如此，一个公园的品质才会逐渐形成。一些公园的特征只能在这里被体现，并且其表现方式一直在不断改变：光的变化是随着时间的推移和季节的演变而改变；阴影和色彩以及周围的声音，这些空间和拓展是同时被开放和被定义的。

绿色休闲空间，提供特有的和平而安宁的空间，同时也是一个聚会和展示的地方。城市绿地为人们的身心健康和气候、卫生环境作出了无可估量的贡献。它们过滤空气中的灰尘，并且扮演着一个新鲜空气走廊的角色。它们是动植物的栖息地，是城市居民交流和休闲的场所。因此，它们对一个城市的生活品质和心理愉悦有一个持久的影响。然而，随着环境污染的加剧，植物需要比以前更加坚韧。此外，城市绿地还是生物多种性的避难所，它为在乡村已经看不到的动植物提供可供选择的栖息地。城市自然有自己的生态能力，它在环境系统中起着补偿性的作用。因此，它是有意识地被纳入城市规划，而不是仅仅作为剩余空间。公共资金的缺乏和不利的气候条件对景观设计师提出了新的挑战。应对这个挑战的方式是要去发

Atelier Le Balto 事务所，种满攀岩草花的花园，KW 当代艺术中心，柏林，德国，2004 年

现自然的多样性，要在一个更宽广的舞台上以不同的方式体验自然。

从某种意义上说，本书应该理解为是一个真挚的呼吁，要以一个更整体的理念和更高效的方法，在城市里设计开放空间和城市绿地。它提供了一个当代景观设计学主流观点的整体概览和各自的目标，例如材料和技术，尤其关注在设计概念中如何运用植物进行设计的方法。

此外，这些想法是一种鼓励，他让城市内绿地更加易达，在更包容的社会里切实可行。书中10位专家的论文都涉及相关主题，从整合历史花园进行重新设计的方法到城市绿地创新设计概念的运用。

本书是德国建筑博物馆和法兰克福棕榈树公园合作的产物。它得到了德国联邦交通建设与城市发展部部长彼得·拉姆绍尔博士（Dr. Peter Ramsauer）和法兰克福市市长、德国城市协会会长佩特·拉罗斯（Dr. h. c. Petra Roth）的赞助和支持。

德国建筑博物馆要感谢法兰克福棕榈树公园，特别是其主任马赛厄斯·詹妮（Matthias Jenny）和他的同事卡琳·维特施托克（Karin Wittstock）在项目上给予的额外帮助和协作，以及令人印象深刻的能力。两个学院之间的合作，为未来的发展开辟了一个新的视角。

我们还要感谢顾问委员会的成员，他们的帮助和宝贵的建议丰富了这个项目，以及那些贡献了科学知识的文章作者。

1 *werk, bauen + wohnen*, Platz und Park, 5/2003, with contributions by Ulrich Maximilian Schumann, Udo Weilacher, and Christophe Girot among others.

伦巴恩（Rennbahn）住宅区的乡间小屋，柏林－新天鹅堡（潘科），德国，2008 年

干涉土地

Disturbed Terrain

马克·特雷布（Marc Treib）

今天，我们仍然在某些方面为前人的过失付出代价。这些过失包括 100 年来留下的大量遗产和遗迹；近半个世纪工业社会的产物以及战争给我们留下了成千上万公顷废弃的土地。这些机械时代的剩余产物以不可估计的数量侵占我们的城市和郊野，它们是确实存在的，并且挑战我们的创造力。我们怎样才能清理这些废弃土地中的污染，并且把它们改造成一个新的、面向公众的、具有使用价值的土地呢？我们怎样才能把这些棕色的沙漠改造成绿色的伊甸园呢？

在过去的 20 年里，有一些甚至是大多数著名的景观设计项目都涉及工业废弃地的改造。其中，德国的杜伊斯堡公园是最具代表性的项目，它是 1989 年作为国际包豪斯活动之一的邀请赛的产物，并在随后的 10 多年建成。[1]这个 220 公顷的公园建造在一个曾经支撑焦炭和钢铁工业的土地上，它是一个把整个鲁尔区工业废弃土地改造成一个宏伟的文化遗产景观规划方案的一部分，整个规划从西到东大约 100 公里。在设计过程中，拉茨事务所（Latz+Partner）充分利用了这种严酷的现状构筑物，并且把他们与土壤修复、水质净化和大面积的种植结合起来。与拆除这些巨大的构筑物相对的是，设计团队尽可能地保留并且把它们改造为攀岩墙，曾经巨大的槽罐用来储水，一些有围合的场地作为花园，还把水用作教育和休闲用途。项目的设计策略基本上就是一种归纳、再诠释又或是叠加上新的设计。志愿者自发栽种的植被和精心设计的种植相结合，在经过一段生长周期后，大部分基地被攀缘植物、花

托尔比约恩·安德森（Thorbjorn Andersson）/ Sweco FFNS 公司，达尼亚公园（Daniapark），马尔默，瑞典，2001 年

卉和草覆盖，还有像白桦这样连续轮栽的树。这个设计最美的是在过去的工业与现在的生态之间创造了一种互换——像卡洛·斯卡帕（Carlo Scarpa）从 20 世纪 50 年代开始在他的新博物馆设计里增加一些历史建筑的元素以达到平衡。[2]

相比美国艺术家罗伯特·史密森（Robert Smithson）为杜伊斯堡公园和后来类似的项目提供了一个概念的范例，斯卡帕提供了较少的设计细节。在 20 世纪 60 年代早期，史密森就号召大家重新检视我们周围的世界，而这些常常是我们大家忽略的。在他的论文《关于纪念的帕塞伊克旅行，新泽西》（A Tour of the Monuments of Passaic, New Jersey）中，史密森指出，污染、生锈和被遗弃将成为我们关注和重新审视的主题，在很多方面呈现出新的"有毒的"风格。[3] 然而，由他的观点所构成的著名景观设计项目在几十年后才出现。

杜伊斯堡公园不是第一个运用景观设计的手法来改造的工业遗迹公园。这一荣誉，首先要属于理查德·哈格（Richard Haag）设计的位于华盛顿州西雅图的煤气厂公园（Gas Works Park）；但是在这个项目里，保留工业遗迹仅仅作为项目一个很小的特征，他关心更多的是垃圾填埋场和竖向设计，而不是重新利用在基地上的炼钢炉等设备。[4] 正如彼得·拉茨（Peter Larz）后来提到杜伊斯堡公园时说："设计的目标不是建一个橱窗式的工业遗产公园，它将变成一个历史公园，也就是历史是从现在开始，并且同时向前和向后发展。"[5]

非常感谢拉茨和他的团队以及杜伊斯堡公园本身，尽管在设计方法和最后设计的形式

拉茨事务所，杜伊斯堡景观公园，德国，1991—2002 年

结果上有相当大的不同，但他们仍然为后续的很多设计提供了先锋的典范。显然，由于对功能的不同要求，以及不同的气候和场地条件决定了设计风格，但是对现状遗留的构筑物和场地早期的工业特征的保留，大家都一致认同甚至非常拥护，这一点在近期众多作品里都得以体现。

地点

　　大多数后工业基地都位于城市郊外，这些土地常被用来生产而不是居住。另一方面，工人的住房都很靠近这些 19 世纪的工厂。这些邻里关系和社区聚落从那时起就作为城市边界的一个社区，将从这些场地的拯救改造中获益。一个最主要的例子是在巴塞罗那东北方向的诺巴里斯中央公园（Parc Central in Nou Barris）。 Arriola & Fiol 事务所在设计公园时，用缝合的方法，把一些早期使用过的碎片状土地与公园周边的一些零星地块，如碎片状的历史建筑和城市肌理，整合为一个紧密结合的整体。在这个案例里，景观设计的创造与城市设计要求一致：即整合现状建筑，不仅需要解决土地标高的不同和街道的穿行、部分断头路问题，而且还要处理交通和社会活动所产生的矛盾冲突。另一方面，那些曾经位于城市边界的基地，随着过去 100 年的城市发展，现在已经变成城市的中心。在法国南特市（Ile de Nantes），由设计师亚历山大·谢墨托夫（Alexandre Chemetoff）在 2002—2009 年设计的造船厂改造项目，使改造后的区域沿着卢瓦尔河延伸了近 3 公里。这个项目所在的小岛成了连接两边城市的关键，这个不出名的、孤立的岛被改造成为令人愉悦的公园，并且用大量的树来区分项目的不同区域。这片工业用地被改造成公园、一个滨水散步道、活动场地、沙滩和大量的

Arriola & Fiol 事务所，中央公园，巴塞罗那，西班牙，2003 年

专用活动场地，可满足从集体到个人的、不同规模的活动需求，为南特市的市民创造了一个新的中央公园。

特征

大部分的城市绿地改造项目都保留了场地历史工业基地的特征。毫无疑问，采用这种设计方法有几个原因。其中一个原因是为了保留和展示场地的历史，而不是抹掉以前的所有痕迹。因此，设计必须选择保留什么和拆除什么。对于在景观设计中新增加的元素，例如人行道、台阶和铺装的处理手段往往是采用粗糙的、以前用过的痕迹，以此在新的景观中保留一些工业基地的特征，至少一点点特征。然而，人们还可以另一种方式来看，以一种更加批判的观点来看：通过放置一些治理工业遗迹的东西，将更加强调工业基地独特的传统。在18世纪的英国花园里，庙宇和讽刺剧被有意作为显著的标志，来连接上帝与意大利神话的过去。据我们所知，比如在法国，为了增加一个工厂的历史沧桑感，他们可能被建造得如同废墟。[6] 因此，工业遗迹或废墟，无论是真实的还是建造的，都承载着记忆，赋予改造后的基地和新景观历史感和价值。将来的人们可能会回过头来看我们今天的设计，无论是作为一个浪漫的工业遗产还是作为一个解释说明的产物，它们中的一些可能被完全拆除。[7] "工业遗迹的重新利用"，不管是好还是坏，都是一个流行的风格。

植被

历史上，公园就是植物，或者更确切地说是植物与其生长需要的水和修整地形的组合。

亚历山大·谢墨托夫，机器岛乐园（Parc des Chantiers），南特，法国，2005年

当然，作为一个基本原理，对很多设计师来说，这种描述在今天仍然是正确的。树，可以提供遮阳，发出声响，在秋天和春天提供色彩；灌木，可以用来限定空间和软化硬质表面、设备以及建筑墙体。并且没有人真能找到一棵草或一片草坪的替代品。但是要让铺装面、被污染的土壤和水，还有工厂和工棚里生锈的废船显得更加自然，更多的是取决于植被。或者说，最重要的是依赖土壤和水的修复能力。的确，一些植物能够清理有污染的土壤；当雨水流经这些植物时，植物能够净化或者过滤雨水，同时氧化有污染的雨水。绿色屋顶能够减少城市热岛效应，而可渗透的地被层能让雨水再次汇集到重要的蓄水层。因此，在近期的景观设计中，植物同时服务于艺术和科学的需求，通常以三种方式出现。第一种，也是最传统的，景观设计师用树、灌木、花和地被来创造和美化空间，以使他们更加舒适和宜人。另一方面，他们有目的地混合种植不同品种或者尽量避免单一栽培。这是一种可控的选择，并且可以预期结果。第二种，景观设计师允许本土植被和自然生长的植被一起种植，并且根据它们的遗传结构的生长和传播来设计。最后，也许是最有趣的一种，我们发现慎重选择植被有利于植物生长得持续繁荣和兴旺，但是植物种类和图案选择的限制，则从景观设计师转移到公园管理者手中。[8] 通过这三种方法，今天的种植设计从被干涉的场地转变为城市绿色空间再生的特征。

再循环经济

我们逐渐意识到重新利用这些工业遗迹不仅仅是节约，而且能够增加历史价值。当然，

瑞士 Burckhardt + Partner/ Raderschall Partner Landschaftsarchitekten，MFO 公园，苏黎世，瑞士，2002 年
托尔比约恩·安德森 / Sweco FFNS 公司，达尼亚公园（Daniapark），马尔默，瑞典，2001 年

这些巨大的工业遗迹目前在很多国家仍然存在，完全拆除它们需要占用很多的经济资源。相反，也许是出于一些浪漫的想法，把这些工业遗迹改造成新的景观，通常它们被改造成商业区和表演空间。

因此，令每个设计者困惑的是，到底什么是应该保留的，什么是应该抹掉的。尽管这些遗迹不是作为最重要的构筑物，然而通过保留基地上的这些痕迹，的确能够在经济上获得利益。令人悲哀的是，当今无论是创新还是改造这些过去的遗迹，通常要比完全夷为平地再用新的建筑替代它们要花费得更多。在这个过程中，历史感在逐渐消逝，并且没有人知道如何去评价这种失去历史感的经济价值。作为考虑这些因素的结果，大部分新项目都在保护与摧毁、绿地与建筑之间维持平衡。所以这些问题没有唯一的解决方案，也没有简单的公式可以被广泛套用。

资金和实现

把这些废弃的场地改造成绿色开放空间，一个毋庸置疑的好处是把那些曾经是私人的土地变成公共的开放空间。当前，越来越多的邻里空间逐渐消失在大门和栅栏背后，这不是一个小问题，当越来越多的"公共"景观实际上变成私人景观时，他们可以控制公众的进入，并拥有独立的私人安全系统。随着在巴黎的一些诸如雪铁龙公园和 CDM 公园等新公园的开放，以及波尔多植物园（Jardin Botanique）和在波尔多的加伦河东岸场地的开放，那些曾经私有的工业基地，现在成为公共开放空间中最重要的组成部分。这些新的开放空间，如果

吉尔斯·克莱门特（Gilles Clement），帕特里克·伯杰（Patrick Berger）等，巴黎雪铁龙公园，法国，1993 年
米歇尔·德维涅景观事务所（Michel Desvigne，MDP），帕特里克·布兰克（Patrick Blanc），Vinet 广场，波尔多，法国，2006 年

对公众是积极的，那么必须要有相应的责任：新的公共绿地必须被维护好而且保证安全。

　　这些项目的实现和维护都需要社会关注和财力支持。社会关注经常来自一些市民团体自发的组织，它们关注那些被忽略的或危险的景观区域，并强调绿色空间对他们社区的益处。通常，这种努力会得到政府的回应，在众多的实例中，政府部门或市长把这种改造项目作为他们执政期间最重要的政绩之一。当然公共空间的改造可能要历经好几届政府，这就使整个过程异常艰巨。常常是一个项目在快完成时被要求停止，而唯一的原因仅仅是因为它是前一任领导喜欢的——一个把个人兴趣凌驾于公众福祉上的不幸。

　　这些项目所消耗的资金是巨大的，并且公众不得不为它买单。过去，由于这些景观改造项目不断增多，常常由政府和私人企业共同投资。社会主流对于征税的态度是敏感的，所以在利用公共资金上尽可能地限制政府支出，因此私人捐助是必需的。在一些案例里，这些非政府组织是无私的，纯粹以公共利益出发，而另一些案例中捐款则是为了某企业的公众形象。但最终，每个人都受益于这些合伙企业，以创造更适于居住的地方。

　　在经济环境良好的时期，税收和投资都很高，公共绿地改造项目非常容易完成。然而，政府必须提出一个超越当前情况，并且是一个适应从现在到未来经济情况回转时的远景。即使这些投资是巨大的，但是在这些项目上的回报，无论是对现在还是将来的一代，都是无价的。

Georges Descombes 设计事务所，Michel & Claire Corajoud 景观事务所，瑞士 Atelier Descombes Rampini（ADR）建筑景观事务所，巴黎 18 区摩洛哥庭院公园（Parc de la Cour du Maroc），巴黎，法国，2007 年

Georges Descombes 设计事务所，Michel & Claire Corajoud 景观事务所，瑞士 Atelier Descombes Rampini（ADR）
建筑景观事务所，巴黎 18 区摩洛哥庭院公园（Parc de la Cour du Maroc），巴黎，法国，2007 年
凯瑟琳·摩斯巴赫（Catherine Mosbach），波尔多植物园，法国，2007 年

1　在众多关于整个鲁尔地区项目的出版物中，涉及杜伊斯堡北景观公园（Landschaftspark Duisburg-Nord）的包括：Internationale Bauausstellung Emscher Park（Ed.），*Katalog der Projekte 1999*，Internationale Bauausstellung Emscher Park，no city given，1999；Brenda Brown，»Reconstructing the Ruhrgebiet«，*Landscape Architecture*，4，2001；Matt Steinglass，»The Machine in the Garden«，*Metropolis*，Oct. 2000；Udo Weilacher，*Between Landscape Architecture and Art*，Basel：Birkhäuser，1999，pp. 121—136；»Duisburg North Landscape Park«，*Anthos*，March 1992，pp. 27‑32；Peter Latz，»Landscape Park Duisburg-Nord：The Metamorphosis of an Industrial Site«，in Niall Kirkwood（Ed.），*Manufactured Sites: Rethinking the Post-Industrial Landscape*，London：Spon Press，2001，pp. 150‑161；Udo Weilacher，*Syntax of Landscape: The Landscape Architecture of Peter Latz + Partners*，Basel：Birkhäuser，2008，pp. 102‑133；on its vegetation：*Industrienatur im Landschaftspark Duisburg-Nord*，Duisburg：Landschaftspark Duisburg-Nord，1999；on the art programme for the Emscher Park：Bernhard Mensch and Peter Pachnicke（Eds.），*Routenführer Landmarken-Kunst*，Oberhausen：IBA Emscher Park，1999.

2　卡洛·斯卡帕（Carlo Scarpa）在20世纪50年代的建筑作品，尤其是博物馆作品，如在维罗纳（Verona）的古堡（Castelvecchio）修复、在波萨诺（Possagno）的卡诺瓦雕塑博物馆（Canova Plaster Casts Museum）等，他把新建筑与历史元素结合并进行对话。这并不是重修或破坏旧建筑，而是得益于新旧建筑的同时对比。See Francesco dal Co and Giuseppe Mazzariol，*Carlo Scarpa: The Complete Works*，New York：Rizzoli，1985；and Orietta Lanzarini，*Carlo Scarpa: L'architetto e le arti*，Venice：Marsilo，2003.

3　Robert Smithson，»A Tour of the Monuments of Passaic，New Jersey«，(1967)，reprinted in Jack Flam（Ed.），*Robert Smithson: The Collected Writings*，Berkeley：University of California Press，1996，pp. 68‑74.

4　关于理查德·哈格（Richard Haag）和煤气厂公园（Gas Works Park）的背景资料：Jory Johnson and Felice Frankel，*Modern Landscape Architecture: Redefining the Garden*，New York：Abbeville Press，1991，pp. 199‑208；William Saunders（Ed.），*Richard Haag: Bloedel Reserve and Gas Works Park*，New York：Princeton Architectural Press，1998，especially pp. 61‑72；and »It Was a Real Gas«，Progressive Architecture，November 1978，pp. 96‑99.

5　Peter Latz，»›Design‹ by Handling the Existing«，in Martin Knuijt，Hans Ophuis，Peter van Saane（Eds.），*Modern Park Design: Recent Trends*，Bussum，Netherlands：Thoth Publishers，1995，p. 91.

6　See John Macarthur，*The Picturesque: Architecture, Disgust, and other Irregularities*，London：Routledge，2007.

7　See Marc Treib，»Remembering Ruins，Ruins Remembering«，in Marc Treib（Ed.），*Spatial Recall: Memory in Architecture and Landscape*，London：Routledge，2009，pp. 194‑217.

8　也许这个公园最有趣的地方是被设计师勒·雅尔丹（Le Jardin）称为"变化 / 生长中的花园"（*Le Jardin en mouvement*）的部分。在这里，各种各样的花卉和地被根据达尔文的过程理论种植，所以这一带总是处于变化中。然而，在几年后，这里长满了草和绿色地被。See Gilles Clément，*Le Jardin en mouvement: de la vallée au Parc André-Citroën*，Paris：Sens & Tonka，1994.

帕特里克·布兰克的"垂直花园"

一个经过的路人惊叹地触摸着长满植物的青苔垫，用他的手指抚摸这些生长在植物墙上的蕨类植物和莎草的叶子。然后，向上望去，无数的开花植物，如醉鱼草、绣球花、枸子和柏类的灌木，在天空的衬托下格外绚丽。

突然，这个人笑了："这是一个绿色的植物地毯，是一个转到垂直面的郁郁葱葱的绿色伊甸园。"他疑惑地看看自己的周围。在马德里中心地区，其他过路人突然看到这个自然植物墙时，同样感到非常惊奇。2008 年以来，帕特里克·布兰克（Patrick Blanc）的"垂直花园"使普拉多大道（Paseo del Prado）上的广场一角充满活力，它们与邻近的由建筑师赫尔佐格和德梅隆设计的现代艺术馆，在西班牙首都创造了一个新的都市形象。

布兰克最初的想法令人吃惊得简单，他认为花园并不是仅仅需要地面或者土壤，而是需

赫尔佐格 & 德梅隆建筑师事务所，帕特里克·布兰克，巴塞罗那卡伊萨文化中心，马德里，西班牙，2007 年——细部

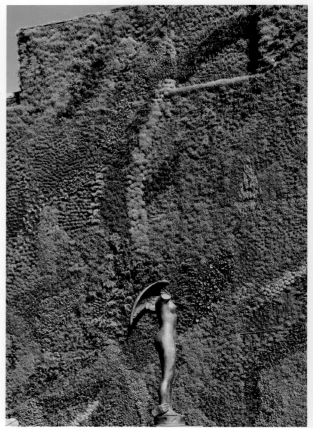

帕特里克·布兰克，巴塞罗那卡伊萨文化中心，马德里，西班牙，2007 年——垂直花园全景图

种植设计图，草图

细部详图

要可以攀缘的垂直表面。在密集种植的表面，无数不同种类的灌木和各种繁茂的植被相互层叠，形成一个活的艺术品。布兰克把他的花卉创作称为"Mur Végétalisé"，或者叫作植物墙，并且迅速地因为这种绿化城市环境的创新方法而拥有国际声誉。

让·努维尔（Jean Nouvel）认为"这是一种新的元素被加入建筑语言中"。[1] 对于法国建筑师以及他的很多同事来说，在这些"神秘墙"背后的技术打开了项目全新的可能性，并促成了与布兰克的多次合作。[2] 然而，这些花园的创作者不是景观设计师，而是一个植物学家，其拥有如同百科词典般渊博的植物知识。因此，他的植物墙展现出独特的、品种繁多的植物就不足为奇了，而且这些植物有着不同深浅的绿色、各种各样形状的树叶和不同造型的花朵。

布兰克自孩童时期就尝试用植物、水和阳光做实验，不久后他就发现许多植物无须土壤仍然长势良好——就像他的植物墙一样。早在 1988 年，他就给自己的发现申请了专利。作为一名在巴黎法国国家科学研究中心研究所的科学家，布兰克专门从事热带丛林的植物研究，并以此为主题完成了他的第二个博士学位。[3] 在全世界各大洲的旅行研究中，他为研究充分利用空间的绿洲而调研了很多自然生长环境，如洞穴、峭壁、荒岛、岩溶地貌及碎石斜坡等，研究在这些极端条件下仍然能茁壮生长的植物。

在马德里，布兰克的立体花园布置在一个约 600 平方米的大型居住建筑的侧墙上，它们就像一个巨大的蝴蝶翅膀侧卧在由建筑师赫尔佐格和德梅隆为卡伊萨基金会（Fundacio la Caixa）设计的美术馆边，该美术馆是由西班牙最大的储蓄银行设立的基金会资助的。瑞士建筑师拆除了之前位于中心位置的电力设备，把地面层改造成一个开放的商场，并且在地下增加了两层，还在原来老建筑的屋顶上加建了两层由铁壳装饰的楼层。这里，曾经因为被污染的加油站而出名，现在却被一个迷人的广场所取代，它们位于整个开放空间的前端，并且提供了眺望 Prado 博物馆和植物园的良好视点。布兰克的 25 米高植物墙，直立起来就像一个令人振奋的垂直线，它们与传统植物园里自然弯曲的小径形成了鲜明的对比。整面墙种植了大约 2500 种植物，源于 250 个不同品种，它们都适应马德里当地的气候条件，并且生长良好。在它们当中，矮针叶树和许多地中海植物来自南非和加利福尼亚州。布兰克使用灰色树叶的岩蔷薇、鼠尾草、薰衣草和千里光草勾勒出一个星形的标志，并使它在五彩缤纷的丛林中脱颖而出——以此来纪念最早由米罗（Miró）设计的卡伊萨银行的图章。

布兰克现代版本的神秘巴比伦空中花园的设计原理，被热带植物学家用英语和德语详细地记录在书中[4]，同时，作者还针对一些批评者的意见做出了解释。例如，他们不赞成布兰克用一些非生态的塑料来代替可回收利用的自然材料。然而，恰恰相反，一些植物学家认为 PVC 和人造的毡垫可以为他的立体花园提供一个更持久、更经济的支撑结构，而那些木头面板和自然材料的毡垫，使用很短的一段时间后就会腐烂，需要重新替换。立体花园的基础是一个金属骨架，被隐蔽安装在墙前面的几厘米处，以确保空气流通。根据布兰克的描述，这

赫尔佐格＆德梅隆建筑师事务所，帕特里克 · 布兰克，巴塞罗那卡伊萨文化中心，马德里，西班牙，2007 年——夜景图

层流通的空气使垂直花园与建筑相隔离，给建筑保温并隔热，尽可能地减少能源消耗。1厘米厚的防腐PVC板被铺设到金属骨架上。布兰克用3毫米厚的双层人工毡垫来代替土壤，这个人工毡垫是由无纺布组成的可循环利用的纤维。对园艺家来说，这种合成材料能够使植物较容易地扎根生长，由于其自身负重较轻，它们不仅是理想的基础结构材质，而且还像他早期的试验一样，它们与自然毡垫和棉毛等材质不同，即使在极端的温度和天气条件下也不会降解。

这些植物种植在用纺织品编织的小布袋里。不同的植物应该种植在什么位置，植物学家都进行了清晰、明确的定义。在他的手绘平面草图上，填满了不同植物的名称，这些都充分显示出布兰克富有生命活力的垂直绿墙的美学涵养，这使它们与其他立体绿化系统有明显区别。穿孔管用来提供整个墙面植物的水和矿物质。然而，一些批评者，除了反对使用人工材料外，还认为他的系统是在浪费饮用水，这些观点在布兰克看来是荒谬的，他反驳道：无论绿色植物还是盆栽植物，不管是种在家里还是植在庭院，它们都不可以没有水而存活，而且在大多数情况下，这些水是可以饮用的。同样，所有的城市绿化种植设计都是为了提高空气质量，并且为鸟类和蝴蝶提供栖息地。根据布兰克的描述，由于立体花园供水设备的错误操作引起卡伊萨文化中心（Caixa Forum）的水管破裂，这使得马德里立体花园的第一个夏天看上去有点凄凉。

在过去的20年里，花园艺术家们在巴黎和热那亚、柏林和巴塞罗那、曼谷和科威特等地的室内外创造了很多植物墙案例。这些项目大约有130个以上，项目的类型从布鲁塞尔的区域议会中心到法国驻新德里大使馆，从台北音乐厅到东京的摩托车艺术博物馆，从米兰的Tussardi基金会到圣保罗大学，还有卡塔尔的高层办公楼，以及悉尼和墨尔本的澳洲航空公司的机场休息室。同时，许多餐馆和酒店、商场和设计师精品店、营业场所和私人住宅，因为其设计运用了植物墙，现在它们成为立体花园的先驱。对这个充满热情的植物学家来说，渊博的植物知识使布兰克在设计创作中一直不断地创造惊喜，甚至连他的专业同事也赞叹不已。布兰克的立体花园是一种对生活的重新诠释，最重要的是，其呼唤着把复杂的生物多样性重新带回城市。（Beate Taudte-Repp）

1　Jean Nouvel, »Preface«, in Patrick Blanc, *Vertical Gardens: From Nature to the City*, New York: WW Norton, 2008, p. 5.

2　Ibid.; examples of collaborations include the Fondation Cartier, Paris（1998）, a house in Seoul（2003）, and the Musée du Quai Branly, Paris（2006）.

3　A revised and expanded edition can be found in: Patrick Blanc, *Être plante à l'ombre des forêts tropicales*, Paris: Éditions Nathan/VUEF, 2002.

4　See footnote 1 in the English and German texts.

帕特里克·布兰克，垂直花园，阿尔萨斯街，巴黎，法国，2008 年

MFO 公园，苏黎世，瑞士

Consortium MFO-Park burkhardtpartner/raderschall; Burckhardt + Partner AG
Architekten/Raderschall Landschaftsarchitekten AG，瑞士

　　这些由点、线和面组成的户外绿色结构（骨架），描绘出了苏黎世北部中心重建项目（Zentrum Zurich Nord）的规划愿景，并且塑造了将新住宅区、办公、休闲和交通空间结合的区域特征。这些大的公共绿地——如厄利克公园（Oerliker Park）、MFO 公园、路易斯公园（Louis-Hafliger-Park）、弗雷德里克 - 特劳哥特 - 瓦伦公园（Friedich-Traugott-Wahlen-Park）和阿曼公园（Gustav-Ammann-Park）——都是各具特色的都市公园。它们无论在尺度上还是在设计上，都与相邻的建筑和各自的城市肌理相协调。

　　MFO 公园由一个巨大的绿色方盒子"park-haus"构成。它不仅由长满了攀缘植物的双层墙围合而成，而且还是一个由三面格子架组合成的开放骨架，这些骨架保留了传统花园的建构方式，并被一些绿色葱郁的植被覆盖。这个巨大的大厅——大厅的后面被 4 个漏斗形状的铁丝网架所占据——由这些铁丝网架所塑造，铁丝网内爬满了攀缘植物，从远处看就像

从公园内部看

建造任务：复兴的老工业区内的城市公园

景观设计：Burckhardt+Partner AG, Neumarkt 28, 8022 Zürich（www.burckhardtpartner.ch）, Raderschall Partner AG
Landschaftsarchitekten BSLA SIA, Burgstrasse 69, CH-8706 Meilen（www.raderschall.ch）

项目位置：瑞士苏黎世 James-Joyce-Strasse

业主：Grün Stadt Zürich

建成时间：2002 年

占地面积：约 6300 平方米

材料和植被：浅基础上的钢结构、用于攀缘植物的不锈钢缆绳编织成的框架、灰土地面与玻璃碎片、紫杉和山毛榉树篱、各种
攀缘植物

植物清单：A 区（高达 6 米）: different sorts of *Clematis alpina 'Francis Rivis'*, *Clematis terniflora 'Robusta'*, *Clematis fargesioides*, *Clematis orientalis*, *Humulus lupulus*; different sorts of *Lonicera japonica 'Hall's Prolific'*, *Rosa 'Albertine'*, *Rosa 'New Dawn'*

B 区（高达 10 米）: different sorts of *Clematis montana 'Wilsonii'*, *Lonicera periclymenum*, *Polygonum baldschuanicum*, *Rosa 'Paul's Himalayan Musk'*

C 区（10 米以上）: *Clematis vitalba*, *Hedera helix 'Atropurpurea'*, *Hydrangea petiolaris*, *Parthenocissus quinquefolia*, *Polygonum baldschuanicum*, *Rosa filipes 'Kiftsgate'*, *Vitis coignetiae*, *Vitis aestivalis*, *Wisteria sinensis 'Prolific'*

造价：约 100 万 欧元

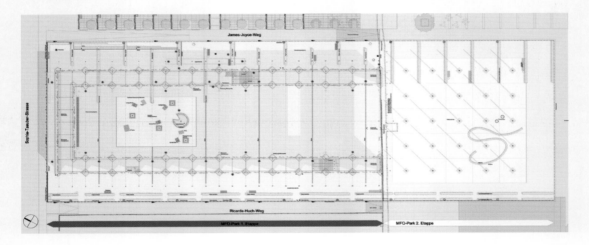

平面图
从北面看

创造了一些小树林。 一个水槽设置在楼层的凹进处以反射光线。在两层植物构架之间的空间设置了一系列的楼梯、走廊和悬挑平台。在钢架骨架的屋顶上还设置了一个阳光观景平台。这些精美的植物和照射进来的光线，以及植物的芳香正好描绘出建筑的体量，虽是装饰性的，却能打开所有的感官。在项目的第二期，这个都市藤架将被一个大的广场占据，包括高的、可移动的攀缘柱，它们将与这个绿色的盒子一起向外生长。

公园的场地曾经被欧瑞康机械制造厂（MFO）占据了将近100年。在它附近的厄利克公园是一个由无数的白蜡树的树干和树冠形成的大树林。MFO公园用一个巨大的、长满无数开花攀缘植物的开放大厅（Park-Haus）来与此进行呼应和补充。在过去，欧瑞康北部（Oerlikon Nord）是一片快速发展的制造工业区。这个巨大的绿色方盒子"Park-Haus"用

长满爬藤植物的钢结构

钢柱细部
歌剧院包厢（观景台）

它半透明的大厅来模拟一个与其相邻的新建筑的体量，期望通过用一个当代的建筑（景观）来表达对传统全新的、充满诗意的诠释。苏黎世北部中心重建项目的总平面规划，把 MFO 公园周围的土地性质定义为住宅区，以及结合一系列不同类型开放空间系统的相邻配套服务建筑。与规划中的每一个开放空间都有一个特殊的功能定位不同的是，MFO 公园用一个功能上强调灵活、不确定性、混合的特征来对这个开放空间系统进行补充，它面向不同年龄、阶层的人开放，并提供不同的活动和功能。项目一期已经在 2002 年 7 月完成，项目二期计划在稍后的阶段完成。

这些绿色方盒子并没有特殊的功能用途。其巨大的室内空间像其他公园一样，用来作为运动和游戏场地，以及私人练习场所。一些公共的庆典活动，诸如锦标赛、户外电影、剧场、音乐会和不同的戏剧在这里上演，用它们的绿篱背景作为幕墙试图唤起对巴洛克公园剧场的回忆。这些钢骨架之间的空间，从功能上可以作为一个个小的、安静的花园场所，并可以看到大厅，它们就向歌剧院的包厢一样，是作为阅读、友爱和梦想的场所。屋顶上的阳光观景平台提供了一个俯瞰新城和享受日光浴的场地，它们好像漂浮在绿色的地毯上，并与这些攀缘植物交织在一起。

这个由钢结构组成的格子架内设置了一些基本的功能区。它们的纤细钢架形成了一个垂直的框架结构。"墙"和"屋顶"都被一些十字交叉的不锈钢组成的网所覆盖，以利于攀缘植物的生长。公园的整个地面都用一层浅色的灰土铺饰。在大厅的一些局部凹进区域，还铺设了一些玻璃碎片。红豆杉和山毛榉则作为两种替换使用的绿篱。

收集的雨水集中储存在水槽里。一些多余的雨水沿着溢流管流到地下的蓄水槽里。在干旱的季节，收集的雨水可以通过灌溉系统用来浇灌植物。

这些攀缘植物种植在不同的高度上：在地面层的土壤里，在含有水的种植槽里，在高层平台和屋顶上。选择诸如紫藤、葡萄科类落叶藤本、美国蔓藤和爬山虎之类的攀缘植物，是因为它们的快速生长特征和其树叶能够进一步强调构架。还有一些品种，例如金银花、迷你奇异果、铁线莲、烟斗藤和其他的品种，是由于它们不仅增加了芳香，而且丰富了走廊、高层平台和"包厢"的形式和色彩。

公园随着四季的变化而改变：在冬天，可以清楚地看见建筑构架，但随着植被的生长期开始，建筑构架逐渐消失在树叶丛中；在秋天，公园里的红色野生攀缘植物洋溢着明亮、热烈的气氛；在夏天，不断变化的光和阴影使公园的内部环境变幻丰富，外部的热气被这些植被过滤；在夜间，这个构架——包括围栏和公园——都被内部的灯光照亮。这个巨大的绿色方盒子像一个雕塑，她以不同的方式给人们提供了多样的体验：下雨的时候，这个构架显示出雨水的模式；晴天的时候，阳光和阴影沿着灰色的地面飘舞，小鸟在走廊里叽叽喳喳地叫着，再加上通透的构架和不同的活动；在夏天的晚上，游客爬上这些绿色芬芳的楼梯，在其中的一个"绿色包厢"里享受夜晚。(Roland Raderschall)

向室内看

一个关于都市绿地的心理记录

A Short Psychogram of Urban Green

乌尔里希·马克西米安·舒曼（Ulrich Maximilian Schumann）

　　如果城市绿地空间的问题不再被寄托于过去曾经具有的那种程度的承诺和义务，原因可能基于这样一个事实：即当前似乎不再有过去那样与绿色的直接接触，或者甚至没有绿色必须存在的紧迫感。现代主义毕竟深深地影响到我们对于大自然的观念。在现代主义的开始阶段，有许多研究、辩论和争论涉及城市绿地在社会、健康和美学上的益处。在当前的对话中，城市绿地在这些方面的益处大多被忽视了。

　　但即使没有特别规定，当城市绿地理所当然地再次被认为是城市生活环境及其品质的一部分时，对它的需求是一定存在的，很可能一直以来便是如此。这种需求是超越某种可以明确界定的用途的。鉴于其过去完成的成功案例和专业界限的边界被打破，景观设计师和规划师已经展示出他们在处理城市尺度方面的能力，他们重新审视自己的职业范畴，把自己定位为开放空间规划的设计者，这也是合乎逻辑的。然而，这是否意味着要把城市规划的逻辑引入景观设计师的职业范畴里来，那么他们是不是也要放弃传统上把自然现象作为一种素材和图片的工作方式呢？这必然是一个合理的问题。与此同时，几乎能确认，在生态和美学议程的支持下，总是有决定性的方法来重新获得城市空间中真实的自然体验。

健康的和装饰的绿色植物

　　我们似乎已经忘记在本土化的背景下，一种关于植物用途的差异性正在慢慢消减，多年来，这种差异性一直被作为首要的和普遍的指标：城市中的植物，不是装饰性的就是为健康服务的。更确切地说，城市里的都市绿化，不是用来美化公共空间就是有积极的用途和为大众休闲服务的，而且任何植物的用途都可以在这两个端点之间游移。由于它并没有失去其客观性和正确性，很少有人会反对这种区别。一方面，绿化可以作为观赏园艺的花园，另一方面，也可以作为慢跑道。

马克斯·莱乌格（Max Laeuger），曼海姆千禧园艺展，德国，1907 年——从浴室的入口处看

"健康的绿化"和"装饰的绿化"：这种分类首次出现在 1915 年马丁·瓦格纳（Martin Wagner）完成他的博士论文时，它们标志着现代主义的都市规划把半自然的都市空间放在一个民主与科学的基础上。瓦格纳后来成为柏林城市规划的负责人，在其任职期间，一些大型居住区和公园被规划和建造起来，包括由建筑师布鲁诺·陶特（Bruno Taut）和社会改革家、规划师雷伯莱希特·米格（Leberecht Migge）设计的马蹄形住宅区（horseshoe-shaped Britz Estate），由欧文·巴恩（Erwin Barth）设计并在 1926—1929 年建成的 Volkspark Rehberge 项目。从他的论文标题"城市的健康绿化"中，我们是不是已经可以觉察到一种趋于现代主义的理性主义倾向呢？瓦格纳确实看到一个必然的发展趋势"绿色区域和设施对人们的健康有积极的影响"[1]，随后他更仔细地去检验，并且结合很多数据来分析。事实上，"装饰的绿化"并不是他的科学建议的重点。然而，瓦格纳知道得非常清楚，历史上都市绿化很少有清楚、明晰的界限。

忧郁的城市居民和新鲜空气吸入者

有趣的是，在所有人中，瓦格纳提到了维也纳建筑师卡米洛·西特（Camillo Sitte），他以发明了一种如画风景的城市设计方法而著称。尽管西特不是一个权威的教授，但他却是一个聪明的学者，这从他的出版物中所展现出的系统研究中可以明显看到。他最著名的著作是《基于艺术原则的城市规划》（City Planning According to Artistic Principles）（1889 年版），在 1900 年的修订版书名中增加了"都市绿化"（Greenery with City），他把应该放在城市主要景点供人欣赏的"装饰绿化"与必须远离交通与嘈杂才能妥善供人欣赏的"健康绿化"加以区别。[2]

无论哪一种情况，城市里都直接需要绿化来改善对空间的使用和体验，这促使他得出这个结论，并以此谴责无意义的和荒谬的绿色植物，例如随处可见的一些无任何意义的"成组的树和灌木"，对许多人来说，这些流行的都市绿化规划策略太熟悉，"特别是在交通岛和星

形广场上"。[3] 想象一下，如果我们采用西特的原则，有多少最近完成的城镇和乡村的入口设计将会被取消。对于西特来说，都市绿化仅仅在结合建造环境时才有意义，才能被利用和发挥最大效果。

西特在他的著作里讲得越明确，越是用他相应的逻辑挑战我们根深蒂固的绿化观念：一个花园如果不是封闭的，它就不是一个花园。只有封闭的花园才可以真正发挥花园应有的作用，为人们提供一个远离城市噪声和疯狂喧嚣的庇护所。在这里，"健康"的因素是最主要的益处，而"装饰性"却令人惊讶地被排在次要位置。与"花园"模型不同的是，他认为在城市中"沿街种植排列整齐的树"的设计原则毫无意义。如此受欢迎的成排的树，在现代城市的狭窄街道中，无论是从美学上还是从物理上，形成的不过是"装饰"的元素。西特认为，如果需要种树，那么应该种在道路的北面，在那里树可以得到足够的阳光而且还可以提供树荫。[4] 但这一观点很少引人注意。这样的设计结果是一个在建造环境中的理性的绿色空间图景——绿色与环境紧密结合，却又有基于它自身的运转、用途和生存的逻辑独立性。城市绿色空间也有助于理解城市和定位。它们的价值不仅仅是装饰，只不过是因为它们经常明显地出现在我们眼前。

在西特看来，城市需要绿化，不仅是因为生理而且是因为心理。他用像卡尔·施皮茨韦格（Carl Spitzweg）描绘他的摩登时代初期的资产阶级人物一样的方法，命名"二氧化碳恐慌"的受害者：相对于施皮茨韦格描述的与仙人掌和书为友的人物，西特塑造了吸氧达人，花数小时从他的盆栽植物中呼吸氧气，或者利用空气吸入器把户外的臭氧引进房间。[5] 但在对二氧化碳暴露和氧气短缺的恐惧背后，他揭露了一个更普遍的、无时无刻不存在的、充满痛苦和迷失感的症状，而这才是他最看重的。

西特时代的市民是现代公民，他们不是原始森林部落里的人，而是居住在现代公寓中的

马克斯·莱乌格，曼海姆千禧园艺展，德国，1907 年——德国雕塑家伯尔曼（Cipri Adolf Bermann）的狮身人面像浮雕喷泉

市民。[6] 他的"忧郁的城市居民"[7] 和在由伍迪·艾伦（Woody Allen）执导的影片《安妮·霍尔》（Annie Hall）里的神经质的城市居民有相似性。电影中那些自认为是曼哈顿人的人们也就只能掌握中央公园，最多加上一些海滩情怀。但是到了洛杉矶，他看不到绿化，他感觉自己病了。相比之下，西特的病人"通过看看绿色的树叶，是可以治愈的……即使它只是一棵种在广场安静的角落里、用它伸展的树枝翻越花园围墙的树，也许包括一个汩汩作响的喷泉，或者是在一个高大纪念式建筑前面的下沉广场中的花草。"[8] 在这里都市绿化起到的一点点功能是生命本身的隐喻。

"祈祷，不要忘记花园！"

也正是因为这个原因，文学作品喜欢把人描绘成抢了自然栖息地的一种生物。无论是莱纳·玛利亚（Rainer Maria）的"豹"，只能在巴黎植物园里原地打转，还是斯蒂芬·乔治（Stefan George）的"白色金刚鹦鹉"，生活在笼子里，永远都不能展开他们的翅膀，既不能通过足够的力量也不能扇动翅膀来使自己自由。人们为了现代主义而付出的昂贵代价是失去自然。越来越清楚的是，现代人在工业化的世界里与自然逐渐疏远，在资产阶级的房间里，自然仅有的存在形式是精心布置的干花。

至少有一个人足够勇敢地提供了一个激进的、可替代这种"忘灵"的文化，以提醒人们他们的自然天性，尽管在当时这非常庸俗和野蛮。弗里德里希·尼采（Friedrich Nietzsche）的著作《查拉图斯特拉如是说》中写道，他在这个残酷世界的先知，居住在旷野，受教育于远离人群的高山。但是，在他的作品《超越善与恶》中，尼采就像与他同时代的西特一样，都认为需要一个花园来作为自然与人性的浓缩："祈祷，不要忘记花园，有着金色格子棚的花园。有人在你身边的花园找到一个僻静处，自由、嬉戏、享受孤独，同时无论什么时候都仍

马克斯·莱乌格，Stadtpark 竞赛设计图，德国汉堡，1907 年——湖中岛

然保持善行。"[9] 但是，查拉图斯特拉只是一个寓言，到了现实中，尼采作为一个觉醒的人文主义者，知道我们既不能打破自然也不能打破文化。然而，在文明世界中，两者之间没有矛盾，仅有互动和活力，毕竟，两者都有对方的一个元素。自然在一方面是一个幻觉，一个虚幻的形象，而在另一方面，它可以塑造成一定的形式。正是这种矛盾塑造了都市绿化的本质。尽管都市绿化在过去的时间里不知不觉地在改变，但是它总能找到一个新的平衡。自然和文化之间的关系是最具象征性的，这清晰地显示了都市绿化能够多么好地调整。在这里，都市和自然空间非常靠近，以至于达到花园和广场相互重叠的程度，甚至融合进一种混合的空间。这种现象可以体现在历史上文艺复兴时期的别墅里，在法国皇室和英国的广场和购物中心里，在绿色住宅小区和新社区的中心里，在一个最终的综合体中，在一个 20 世纪的公园里。

公共公园作为展示城市的形式，最早是由马克斯·莱乌格（Max Laeuger）清晰地创造出来的，它们从空中看起来像是一个巨大的装饰物。在地面上看，它强调了绿地空间的用途，无论是从行动上还是从心理上，集体还是个人。并且，它提供了一对同时存在的矛盾体，一方面提供开放、发展，另一方面又强调隔离和专注，这就是一个真正的城市"健康"绿色空间应该提供的———个不仅仅是为了满足会议和公共展示需求，同时也满足自身需求的场所。看起来，这已经是过时的了，当尼采批评了肤浅的娱乐和他那个时代的情形后，他讨论了为什么我们需要一个花园的心态："而不是走出去！逃避到隐蔽处！"[10]

马克斯·莱乌格，曼海姆千禧园艺展，德国，1907 年——主入口

1   Martin Wagner, *Das sanitäre Grün der Städte. Ein Beitrag zur Freiflächentheorie*, dissertation, Berlin 1915, p. 1.

2   Camillo Sitte, *City Planning According to Artistic Principles with Appendix "Greenery within the City"*, translated by G. R. Collins and C. C. Collins, London: Phaidon Press, 1965, p. 183.

3   Ibid. p. 175.

4   Ibid. pp. 176 – 179.

5   Ibid. p. 170.

6   Ibid. p. 167.

7   Ibid. p. 171.

8   Ibid. p. 172.

9   Friedrich Nietzsche, Beyond Good and Evil. Prelude to a Philosophy of the Future, translated by Helen Zimmern, New York: Macmillan, 1907; Part Two: The Free Spirit, § 25.

10 Ibid.

马克斯·莱乌格，曼海姆千禧园艺展，德国，1907 年——夏季浴场花园

绿荫步道和艺术高架桥，巴黎，法国

菲利普·马蒂厄，雅克·维尔热里，帕特里克·贝尔热
（Philippe Mathieu，Jacques Vergely，Patrick Berger）

　　一个城市铁路时代的痕迹是不会轻易从城市肌理中抹去的，这是一个事实，即使是倾向白板（tabula rasa）规划的20世纪70年代的巴黎规划部门，都不得不承认。1969年，贯穿城市东部郊区的巴黎-瓦雷讷（Paris-Varenne）铁路线，在运行100多年后，伴随着RER快速铁路的开工典礼而关闭。当巴士底老火车站也不得不给密特朗的大计划让路时，巴士底歌剧院以及相邻的高架桥的命运，却在经历蒸汽机车和柴油机车的时代后仍悬而未决。为了不影响当地社区建筑本身的特征，最终决定不拆除它们，相反，把它们作为历史建筑保护起来：那些砖砌的拱门大约有60多个，根据建筑师贝尔热（Patrick Berger）的设计，被翻新改造成商店和艺术家及手工业者的工作室。而景观设计师雅克·维尔热里（Jacques Vergely）和菲利普·马蒂厄（Philippe Mathieu）把比街道高出9米的高架铁路线，改造成了一个高架绿荫步道。

绿荫步道旁的水渠

绿荫步道

建造任务：重新设计废弃铁路高架桥的露台

景观设计：Philippe Mathieu, architecte DPLG.APUR; Jacques Vergely, paysagiste DPLG, Agence Française du Paysage

项目位置：法国巴黎 12 区

业主：法国巴黎市政府

设计时间：1985 年

建成时间：1991 年

占地面积：6 公顷

植物清单：常绿灌木：*Berberis darwinii, Berberis stenophylla, Choisya ternata, Cotoneaster franchetti, Eleagnus x ebbingei, Lavandula officinalis, Lonicera nitida, Prunus laurocerasus caucasica, Prunus lauro. 'Otto Luyken', Pyracantha x 'Dart's red', Viburnum tinus*；修剪植物：*Eleagnus x ebbingei, Carpinus betulus, Ligustrum ovalifolium, Lonicera nitida*；落叶灌木：*Chaenomeles japonica, Corylus avellana, Deutzia scabra, Forsythia x 'Lynwood Gold', Hypericum x 'Hidcote', Kerria japonica, Laverata olbia, Philadelphus coronarius, Ribes sanguineum, Sambucus nigra, Spirea x 'van Houttei', Symphoricarpus 'mother of pearl', Viburnum opulus, Viburnum fragrantissima*；地被植物：*Cotoneaster dammeri 'Skogold', Hedera helix, Hypericum calycinum, Lamium galeobdolon, Lonicera x 'Maigrün', Rubus tricolor x 'Betty Ashburner', Symphoricarpus x 'Hancock', Vinca major*

造价：210 万欧元

艺术高架桥

建造任务：铁路高架桥的再生

景观设计：Patrick Berger, architecte dplg, 49 rue des Cascades 75020 Paris（www.patrickberger.fr）

项目位置：法国巴黎 12 区

业主：SEMAEST

建成时间：1996 年

造价：5910 万欧元

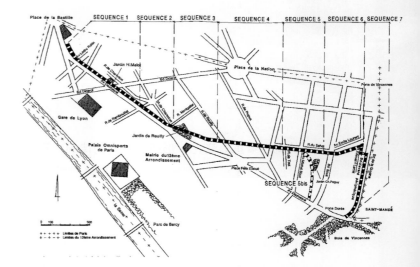

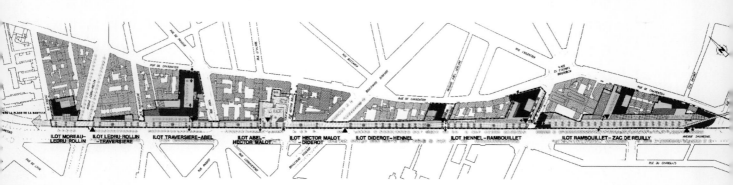

总平面图
巴士底—勒伊花园（Bastille- Reuilly）区域平面

该项目总共耗资 6100 万欧元，高架桥的结构不需要重新加固，只是替换了原来的排水系统，再增加了密封层和一些表层土。这个老的高架铁路的改造还收到一个新的附赠品：两个曾经的铁路站台在清理干净后，作为 ZAC 住宅区的部分改造工程被结合到整个项目中。高架路下方的其他部分延长了项目，形成一个在高架路面上和路面下总共长达 4.7 公里的连续的绿色步行道，从巴士底歌剧院的后门一直到环城高速公路——巴黎外环公路。

毫无疑问，这个项目最大的挑战是曾经修建铁路的高架桥：8 米宽、1.4 公里长的狭窄带形空间贯穿整个巴黎 12 区，仅仅留下很小的空间给大的城市规划。方案的灵感来自 17 世纪沿着城市防御工事的公共散步道，设计师吸收了散步道的想法：沿着高架桥的中心布置了一条 2.5 米宽的沥青路，在其两侧用柠檬树以规律的间隔标记出一个人在空中的行进路程。路的宽、窄重复变化，形成一个有韵律的、不同大小的对称开放空间，通过运用不同的绿植、定制的铁葡萄架、廊架和亭子，以及四季变化的植被——从玫瑰花园到莎草，到小竹林——定义出了不同的主题。

通过反复运用本土的榛树、杜鹃和其他观赏果树作为绿篱，把两边的视线限定，使绿荫步道作为一个相对独立的绿色空间。然而，这条路线每隔一段距离就要打开，例如，当高架桥跨越道路或者在种植区域之间的缺口时，其对附近的后院和远处的林荫大道产生了让人意想不到的景观。这种潜在的空隙（开口），是一种介于绿地和城市空间之间的空间特征，它与许多不同的出入口相连：几乎在每一个十字路口，都有一个位于绿荫步道内的公共台阶，引导大家走上高架步行道。尽管这是一个有着正常开放时间的城市公共场所，但是，它仍然与相邻的社区住宅有私人入口和电梯相连。事实上，这条绿荫步道俗称"绿谷"或"绿廊"，在开放后很短的时间内，它影响了在巴黎东部这个最贫穷地区的房租，使其上涨了 10% 以上。

在高架路的另一边是朗布依埃街（Rue Rambouillet），这里离城郊并不远，随着 20 世纪 60 年代的第一幢高楼拔地而起，自 19 世纪以来建立的城市肌理开始逐渐瓦解，这些新

改造前的高架铁路
改造前的艺术高架桥拱门

从绿荫步道上远眺
改造后的艺术高架桥拱门
绿荫步道，一个城市中的公园

的高层建筑与老的高架桥相距约 30 米。绿荫步道从这里开始蜿蜒，在勒伊花园（Jardin de Reuilly）附近的 ZAC 住宅区之间，用特色水景巧妙地点缀。向远处延伸几公里后，步道开始进入自然场地，在这里它被铁路两边的斜坡所限定，并且比相邻的街道低 7 米。为行人和骑车人提供的两条独立的道路贯穿整个带状自然栖息地。尽管很密集，但这些被常春藤缠绕的树强调了这个场地的自然特征，沿着这条步道每隔一段距离还布置了一些街道小品，它们与这条路线上的其他部分保持了视觉上的连续性。

　　巴黎的绿荫步道（Promenade Plantée）在正式向公众开放十年后，碰到了另一个同样雄心勃勃的项目——纽约高线公园（Highline），由于它受到当地公众的普遍欢迎，因此被认为是一个成功的案例。对于巴黎这样以石头占主导的城市来说，城市绿化是受限制的，通常的大型公园不可能在巴黎的街道空间或者住宅区的封闭庭院里发现。绿荫步道，作为一个典范，展现了城市绿地规划是怎样有能力去连接，把一个陈旧的基础设施改造为一个新的、可持续的愿景。而且，通过把这种完全不同的新、老部分并置，来强化它们的各自特征。（Paul Andreas）

在比克布斯街（Rue de Picpus）绿荫步道下的地下通道

向绿荫步道看

索恩河岸改造项目，里昂，法国

Michel Desvigne Paysagiste 设计事务所，巴黎，法国

索恩河岸改造模式

　　1999 年，索恩河岸（The Quai de Saone）改造项目完成了它的一期城市改造工程。这个项目是正在法国里昂的 Lyon Confluence 进行的城市更新的一部分，近期完成的区域是由景观设计师米歇尔·德维涅（Michel Desvigne）和瑞士建筑师赫尔佐格＆德梅隆事务所一起合作完成的。

　　Lyon Confluence 是位于法国里昂罗娜河和塞纳河之间一个面积约 150 公顷的场地，向南一直延伸到佩拉什火车站（Perrache train station）。这块场地挤在铁路线之间，有一个多式联运站、公路、批发市场和一系列计划要拆除的工业厂房。这块场地位于城市中心，吸引了几代民选官员和建筑师。对于后工业基地改造来说，为了实现这个宏伟的总平面规划，

从河岸看索恩河岸改造项目

建造任务：临时公园
景观设计：Michel Desvigne Paysagiste（www.micheldesvigne.com）
项目位置：法国里昂 Quai de Saône
业主：SEM Lyon-Confluence
设计时间：1999 年
建成时间：2000 年
占地面积：2 公顷
植物清单：Achillea filipendulina（Schafgarbe/achillea），Achillea ptarmica 'The Pearl'（Schafgarbe/achillea），Astilbe 'Mont Blanc'，Carex buchananii（Gras/grass），Carex flagellifera（Gras/grass），Carex grayi（Gras/grass），Carex pendula（Gras/grass），Coreopsis 'Baby Gold'，Coreopsis verticillata，Deschampsia 'Goldschleier'，（Gras/grass），Deschampsia cespitosa（Gras/grass），Festuca amethystina（Gras/grass），Festuca mairei（Gras/grass），Leucanthemum vulgare（Margerite/daisy），Liatris spicata 'Alba'，Lotus corniculatus（Hornklee/lotus），Luzula sylvatica（Gras/grass），Oenothera（oenothera，Sorte mit gelber Blüte/species with yellow flower），Panicum virgatum（Gras/grass），Prunella grandiflora（Braunelle/prunella）
造价：140 万欧元

改造前的场地鸟瞰图
分期改造阶段，A：索恩河河岸；B：正在进行的项目 C：赫尔佐格 & 德梅隆事务所负责的项目
自行车道

事实上需要等待几十年的时间，一直到所有土地都可以安全使用。因此，有必要考虑如何重新使用，尽管非常困难，但仍需要找到一个方法来掌控（修复）这个场地，并且开始真正的改造。

理想的城市，正如已经提出的那样，并不能与现实中真正建成的城市现状相称，其危险在于在一个场地上把城市的未来和景观固化。当然，我们现在不可能预测 30 年后需要建设什么类型的城市。也就是说，当政府接受了这个规划后，如何提出建设时间方案，是项目设计的焦点。1999 年，这个理想的实施方案（干涉自然），包括一个沿着索恩河 2.5 公里的散步大道的宏伟蓝图，最终获得通过。

我们在地图上标出了可能改造的区域和可以利用的公共土地。这时我们才明白，为什么要用分期逐步开发的方式来替代最初的一次性整体开发的构思，这是完全必要的。因为，这样可以使该地区立即获得当前关注的景观质量。这种策略的影响和结果是，当这些场地逐渐开放使用时，场地的每一块土地都发挥出积极的作用，以至于设计的景观将更加适应未来的社区和他们的建筑。

随着时间的推移，人们的观念在转变。因此可以想象，城市的形式不是在场地上进行叠加，而是在这些变化中汲取他们的实质。通过一个更有机的方式进行，加强公共空间和建筑各要素之间的联系，就有可能找到一条营建城市的其他方法。

Lyon Confluence 城市更新和对应的景观

里昂的这个案例显示了一个 10 多年后的愿景，使我们能够更集中规划我们的土地。不管它们是涉及大尺度的景观还是小尺度的城市空地，我们从经验上知道，这些转变是需要时间的。经验告诉我们，形成一个社区需要 30 年左右的时间，此外，在这较长的发展过程中还需要不断的修正。最初的愿景也应该能够适应经济危机和不断改变的需求。因此，我们需要设计的方式和方法，使场地的改造计划可能结合这种持续时间的概念。

景观改造必须一个一个案例单独来看待。赋予这些成功案例精神的是项目材料本身，而这是实际工作的产物。收购土地，改变土壤的性质，给这个地区积极的属性，种植树木，控制发展，以及改变城市密度：这是一套适用于现实的物理实践。

如果景观是一个结构骨架，它还提供了一种可能性，即临时占用正在进行城市更新的部分区域，尽管这些区域仍存在许多未知数。在等待建设的过程中，这些"起媒介作用的性质"直接对场地提供了积极的因素。它们不会对场地产生负面影响，相反，它们直接面对场地的真实状态，积极地维护它，并且接受它的改造。这些属于管理、维护和尊敬的范畴，即使它的性质和用途只是临时的。

因此，像索恩河岸改造这样的案例研究，几乎可以详尽地展现一个地区城市更新可能遇到的各种问题。他们提供了设计词汇、材料和模式的机会，同时也验证了这种改造模式是否

可以达到城市规范的标准。所以，在这里，规划设计方案类似于一种实验，就像科学家使用的方法一样。根据可能改造的感觉先设计一种方案，然后再把它改造成现实。这些被证实的元素将变成规范，随着时间的推移，可以运用到更大的尺度上。

节选自：*Intermediate Natures. The Landscapes of Michel Desvigne*，Basel, Boston, Berlin: Birkhäuser, 2008.

从河岸向铁路桥方向看
索恩河沿岸

苏姬兰德自然公园，柏林，德国

Planland/ Büro ÖkoCon，Odious Art Group，柏林，德国

从柏林滕佩尔霍夫（Tempelhof）调车场中心位置的水塔看出去的景观是惊人的。一条宽阔的砾石道上，60 条铁路线向前延伸，一直到视线的尽头。还有一个机车转盘、煤仓、水力起重机、机车大厅、数以百计的货物和乘客车厢，工作坊和机车的噪声在耳边回响，空气中弥漫着燃烧的气味。钢铁动脉满足城市的需求，是显而易见的。

80 年后，这个水塔仍然矗立在那里，像一个生锈的巨人，现在它被一片绿化包围。山毛榉树仍然还在，一个 50 系列的火车头被遗忘在树丛中。1879 年制造的转盘（德国最老的）仍然可以用，它在树林中一会儿在这，一会儿在那，由此显示出这些铁轨仍然可以用。1910年建造的 3 个机车大厅中的一个仍然还在，只是看起来有点旧了，一个上面写着进入者须知的标志牌（进入前立定！）矗立在一个两层的砖房旁，同样显示出蒸汽机时代的遗产魅力。

生长在铁轨之间的桦树

建造任务： 通过设计和创造，把废弃铁路调车场改造为集休闲、自然保育、研究和教育的场所

景观设计： Consortium Planland/Büro ÖkoCon, Odious Art Group; Planland, Pohlstr. 58, 10785 Berlin

项目位置： 柏林 Prellerweg 47 - 49

业主： Land Berlin, represented by Grün Berlin Plan und Garten GmbH with support from the Allianz Foundation for Sustainability

建成时间： 1996—1999 年，2000 年世博会外部项目

占地面积： 18 公顷，其中 12.8 公顷为景观保护区，3.9 公顷为自然保护区

材料和植被： 路径主要位于场地保留的轨道之间（用金属材料铺装的步行道就像一个实用的雕塑），通过自然演替的过程来绿化以前没有植被的铁路场地

植物清单： 乔　木：*Acer campestre, Acer pseudoplatanus, Betula pendula, Clematis vitalba, Corylus avellana, Euonymus europaea, Populus tremula, Parthenocissus quinquefolia, Prunus padus, Robinia pseudoacacia, Rosa glauca, Rubus caesius, Sorbus intermedia, Sambucus nigra, Tilia cordata*；草和多年生草本植物：*Calamagrostis epigeios, Centaurea stoebe, Epilobium angustifolium, Falcaria vulgaris, Oenothera biennis*

造价： 350 万马克

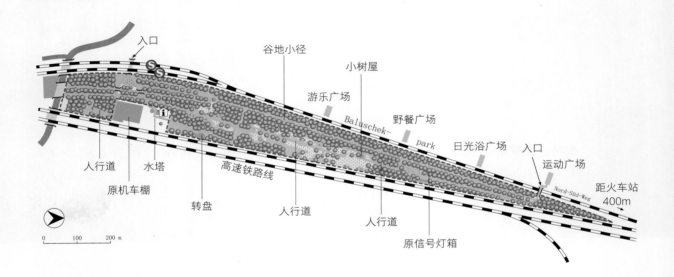

总平面图

从秘密花园向水塔的方向看

穿过树林的人行道

从 S-Bahn 车站不时传来的广播，在车站的上空向微风一样飘荡或者像城际快速列车一样飞驰而过。

1952 年，东德铁路关闭了调车作业。从那时起，这个 2 公里长，最宽处有 170 米，在柏林 - 德累斯顿（Berlin-Dresden）和柏林 - 安哈耳特（Berlin-Anhalt）两条铁路线之间的场地，一直被荒废。它们同许多柏林西部的铁路一样，在第二次世界大战后根据四方协议留给东德的铁路部门，不能再使用。从那时起，自然开始重新占领自己的场地，并且几十年来一直蓬勃发展，不受投资者、城市规划师和园丁的干扰。

同时，场地的自然条件被提升到"荒野 2.0"标准。作为柏林人的休闲场地和新鲜空气的来源，公园良好的自然环境一直得到保护和尊重。然而，在苏姬兰德自然公园（Schöneberger Südgelände Nature Park）建立之前，仍然有很多争议。在 20 世纪 70 年代末，该场地就被指定为南方货运站的建设用地。柏林参议院——城市的行政机关——以清除场地弹药为借口，制定了一个计划，来清除这个已经生长、培育 30 多年的自然栖息地。媒体听说这个消息后，进行了数年的抗议，直到参议院在 1989 年撤回该计划。在德国统一后，由于规划中的城际快速铁路线将通过该城市的南部地区，该场地被用作土地补偿，因此，这个宝贵的自然栖息地再一次被参议院保留下来。

这块铁路场地是一个展示废弃的土地如何被杂草等植被占领的极好例子。起初，一些诸如白藜的植物作为先锋开始出现。接下来，大量桦树直接从那些掉进枕木缝隙的沉睡种子中生长出来。然而，桦树已经被其他的树种，诸如洋槐、挪威枫树、白蜡树或者杨树和山毛榉

透过管道向水塔眺望
铁轨上的艺术品

秘密花园
自然保护区

树，所取代。据说，部分荒地上的"二手"水果树，可能来源于铁路工人的早餐，而其他植被来源于被运送去屠宰场的动物的皮毛里，或者是从盖在它们身上的稻草中无意落下的种子。柳兰可能是跟着运送圣诞树的车一起来的。最后，场地中的一些小动物也来自远方：脚手架上的蜘蛛网，在德国的其他地方从来没有看到过，怀疑是随着德国国防军运输藏在法国南部山洞里的武器一起带进来的。

　　林地的自然演变已经发展到开始侵占中心地区的干草地。公园的维护团队已经采取谨慎的干预措施来保护这些空地，使那些有价值的动物可以继续蓬勃发展。这些物种的数量和种类在德国都是独特的：据统计，有 13 种蚱蜢、57 种蜘蛛和 95 种野生蜜蜂，其中有许多是濒临灭绝的物种。同样，鸟类品种的数量也被认为是无可匹敌的。1999 年，该遗址被宣布为风景保护区，其核心区被列为自然保护区。州立柏林格伦公园（Grun Berlin Park）和花园协会（Garten GmbH）没有预算分配，因此游客被要求每次进公园时支付 1 欧元的门票。每年大约有 50000 人次参观公园，其中一半人次买门票。公园的修剪、安全措施由专业公司承担，而剩余的任务则尽可能由社区项目和创造就业计划的工人完成。因此，这些自然场地没有被过度人工培育的危险。

　　另一方面，The Odious Art Group 艺术团队主要关注火车头的处理，他们保留了整个公园铁轨，安装上标记牌，把人行道设在铁轨上并离地抬高 60 厘米，使在自然保护区内的游客能够沿着这条路行走。还有一个现在被称为"秘密花园"（Giardino Segreto）的雕塑公园。艺术家克劳斯·杜沙特（Klaus Duschat）和克劳斯·哈特曼（Klaus Hartmann）的主要工作是用粗钢和织物来叙述一个故事，讲述场地内的艺术、技术遗产与自然环境之间的相互影响。在城市中心，18 公顷未受破坏的自然场地与对蒸汽铁路时代的怀旧，还有什么地方能体验到这样的组合呢？（Falk Jaeger）

从旧火车头向水塔方向看
人行道

美茵河畔公园，法兰克福，德国

法兰克福市议会，法兰克福公园局和城市规划办公室

沿着萨克森豪森堤岸（Sachsenhäuser Tiefkai），懒洋洋地坐在躺椅上或者躺在野餐的毯子上，成千上万的法兰克福居民常常享受着滨河大道对岸美丽的灯光夜景。自从改造后，法兰克福居民重新发现了美茵河畔的休闲潜力。在夏天，人们成群结队地聚集、逗留在河畔的每一寸土地，直到深夜。自从这里成为美茵河畔的新休闲地带以来，人们很容易忘记这块城市空地曾经长期被人们忽视。现在，人们可以再次体验它。

最早把这个曾经的码头和商业之都的贸易中心改造成一个绿地空间，可以追溯到1860年以前。当时，法兰克福的第一个城市规划师塞巴斯蒂安·琳希（Sebastian Rinz）设法说服了市长，要求不仅可以让居民沿着城墙的道路散步，而且还可以沿着河边迷人公园般的环境漫步。今天，可以说，这里是法兰克福的"尼斯"（Nizza），代表着地中海风格的香蕉树、

从美茵河畔北岸看法兰克福的天际线

建造任务： 美茵河畔步道改造和延伸、总体概念和初步设计

景观设计： 法兰克福市议会，法兰克福市公园局和城市规划办公室，Mörfelder Landstraße 6，60598 Frankfurt am Main（www.gruenflaechenamt.stadt-frankfurt.de）

项目位置： 法兰克福，美茵河畔

业主： 法兰克福公园局

分段设计： 德兹赫努弗区滨水步道（Grünflächenamt der Stadt Frankfurt am Main）、威斯勒造船厂码头（Schneider - Planungsgruppe Schneider，Neu-Isenburg）、韦斯塔芬港口步道（Gast Leyser Landschaftsarchitekten，Frankfurt am Main）、Tiefufer Theodor-Stern-Kai 堤岸（Sommerlad Haase Kuhli Landschaftsarchitekten，Gießen）、Untermainkai 轮滑区域（Ipach und Dreisbusch Landschaftsarchitekten，Neu-Isenburg）、博物馆河岸滨水步道（Götte Landschaftsarchitekten，Frankfurt am Main）

建成时间： 2006 年

占地面积： 7 公里长步行道

材料： 道路：沥青、玄武岩鹅卵石、小花岗岩鹅卵石；街道设施：长椅、垃圾箱、灯光照明、砂岩；金属制品：栏杆、边框栏杆、栅栏、标牌

植物清单（精选）： *Platanus acerifolia, Prunus padus, Prunus avium 'Plena', Acer campestre, Quercus robur fastigata 'Koster', Fraxinus angustifolia 'Raywood'*，适应淤泥土质的草本和地被

造价： 1200 万欧元

美茵河畔公园 2015 年总平面规划
从美茵河畔公园的滨江大道向 Floberbrucke 方向看

无花果和棕榈树，像细胞萌芽一样，成为美茵河畔主要的绿色植物。

对美茵河来说，能够被法兰克福居民接受和认可，并作为一个休闲和娱乐场所，需要考虑三个关键发展问题：首先，如何在一个废弃的后工业场地建设滨水住宅；其次，与之相伴的绿色滨水步道；最后，如何更新沿河现状绿地系统。在 20 世纪 80 年代初，人们首次认识到美茵河畔的整体发展潜力，尽管当时的重点不在公共绿地上，而是在一系列面向河畔的豪华博物馆建筑上。

1991 年，法兰克福市议会组建了"美茵河城市重建委员会"，负责制定一个滨江城市改造方案，其成员来自不同的政府规划部门。四年后工作开始：由于贸易与产业结构的快速变化，许多过去的工业基地荒废，被遗弃，使其可能改造成为城市发展区。第一个此类场地，是在原屠宰场所在的德兹赫努弗区（Deutschherrn）；紧接着是威斯勒造船厂（Weseler Werft），一个早期的卸货码头；最后一块场地是韦斯塔芬（Westhsfen），它是下游的一个港口，现在

"尼斯"，美茵河畔滨江大道上的地中海花园
"尼斯"里的茂盛植被细部

博物馆河岸林荫道
改造后的威斯勒造船厂起重机
威斯勒港口公园的新住宅区

被改造为一个拥有引人注目的办公楼和很多高档住宅的区域。"公众易达性"是一个重要的考虑原则，不仅仅在新改造的区域，而且要考虑河畔两侧的现状绿地，自 20 世纪 50 年代以来，它们在铁桥（Eiserne Steg）的两岸延伸了 3.5 公里。

在重新规划设计之前，必须明确哪些基础设施仍然需要保留，并且这些设施为谁所用。例如，像美茵河岸节（Mainuferfest）和法兰克福博物馆河岸节（Museumsuferfest）这样大规模的户外活动容易破坏绿地。因此，需要找出解决方案，使美茵河畔环境能够快速恢复，以面对公众，即这样的活动一结束，场地就可以向公众开放。紧挨着铁桥的地块是一个更加活跃的场所，它是一个用大量的玄武岩鹅卵石重新铺设的码头区域，其长椅和防护栅栏可以在大型户外活动前移除。在夏天，依靠良好的地下灌溉系统，草坪可以得到快速恢复。而那些船舶的泊位点装备了如电力、水和废物处理点等配套设施，并且只有维修船只可以进出码头。

然而，滨江大道新改造区域的重心是，继续延伸和保持英式风景园林的特征，以使整个美茵河畔保持统一的风格。因此，可以看到一些传统的设计手法被结合到新的设计中。1999 年，在经历一段痛苦的预算整合后，美茵河畔公园暂时成功获得第一笔 100 万德国马克的投资，没有人可以想象在 8 年后这个项目是如此成功：超过 1200 万欧元的投资被单独用在项目的景观改造和花园建设上，而且几乎半数的投资来自美茵河畔两岸的开发商。（Stephan Heldmann）

美茵河畔南岸的西奥多·斯特恩大道（Theodor-stern-kai）
从美茵河畔南岸向韦斯塔芬方向看

马德里 RÍO，马德里，西班牙

West 8 城市规划与景观设计事务所，鹿特丹，荷兰；MRIO 事务所，马德里，西班牙

这项宏伟的计划由西班牙马德里市长瑞兹－加拉东（Alberto Ruiz-Gallardon）领导，他计划在其一届任期的时间内，将紧邻老城区的 M30 绕城高速公路引入地下隧道。马德里市因此修建了总投资达 60 亿欧元、总长超过 43 公里的基础设施，其中有 6 个主要项目位于曼萨纳雷斯（Manzanares）河岸。荷兰 West 8 事务所联合马德里当地事务所 MRIO，共同设计了沿河两岸城市更新的总体规划。

把绕城高速公路引入地下及其相应的基础设施工程，由西班牙 8 个最大的建设公司组成的联合体来承包。由于马德里政府决定不采用常规的分期建设方案，导致了整个开挖工程超过 120 公顷。同时，为了保证在整个工程建设期间的正常交通运行，建设了一批临时过渡的桥梁和道路，并对一些道路采取改道和关闭措施，以配合工程的顺利进行。

葡萄牙大道

建造任务：河岸更新和地下隧道上方新城市区域总体规划；整个规划由 47 个分项工程组成，其中最重要的包括：松林道、葡萄牙大道、果树庭院、托莱多桥花园、阿尔甘苏埃拉公园、Puente Cáscara

景观设计：West8 urban design & landscape architecture, Schiehaven 13m, 3024 EC Rotterdam; MRIO Arquitectos Asociados SL, Calle Angel Muñoz, 22; 28043 Madrid

项目位置：西班牙马德里市中心

业主：马德里市政府

建成时间：2011 年

占地面积：80 公顷

材料和植被：葡萄牙大道：葡萄牙、植草垫、混凝土长凳、德国奥利维奥户外照明产品、700 棵樱桃树、500 株梧桐树；**松林道**：8000 棵松树、木制游乐场、砾石面、花岗岩、沥青、种植迷迭香的斜坡；果树庭院：8 种不同的果树、花岗岩喷泉和洞穴、种植 3 万株草的小溪；阿尔甘苏埃拉公园：15000 棵不同种类的树木、天然石材水景、种有竹子和日本枫树的干枯河床、沿着主干道的抬高草坪区域、小型河岸沙滩、100 座小桥；托莱多桥花园：绿篱花园、三种不同的樱桃树、玉兰树、木质长椅、以砾石面分界的花岗岩步道；桥体：混凝土、铝

植物清单：葡萄牙大道：亚热带低耗水量的草，*Paspalum notatum, Prunus padus 'Watereri', Prunus avium, Prunus avium 'Plena', Prunus yedoensis, Platanus hispanica*；松林道：*Pinus pinea, Pinus halepensis, Rosmarinum officinalis 'Prostratus'*；果树庭院：*Ficus carica, Punica granatum, Malus domestica, Prunus dulcis, Pyrus communis, Olea europaea, Morus alba, Prunus domestica*；托莱多桥花园：*Laurus nobilis, Buxus sempervirens, Ligustrum japonicum, Prunus*，不同种类的玉兰

造价：2.8 亿欧元

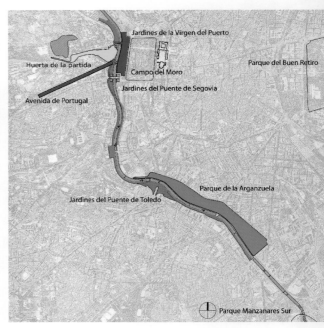

葡萄牙大道上的座椅
总平面图

2005 年，该项目宣布举行设计方案国际竞赛。由荷兰 West 8 事务所与西班牙当地事务所 MRIO 合作提交的在隧道上方进行城市更新的设计方案，是唯一一个通过景观设计途径来解决城市问题的方案。方案的设计概念为"3+30"，提出将整个 80 公顷的城市发展区域划分为三大策略性启动项目，以希望这些启动项目建成后形成一个基本的骨架，可以为未来更多的项目打下坚实的基础，该项目由马德里市政府和私人投资商，以及居民共同发起。

迄今为止，总预算达 2.8 亿欧元的 47 个分项工程已经平行启动，其中最重要的包括松林道（Salón de Pinos）、葡萄牙大道（Avenida de Portugal）、果树庭院（Huerta de la Partida）、哥维亚桥花园（Jardines de Puente de Segovia）、托莱多桥花园（Jardines de Puente de Toledo）、贞女桥花园（Jardines de la Virgen del Puerto）和阿尔甘苏埃拉公园（the Parque de la Arganzuela）。除了上面提到的这些形式多样的广场、林荫大道和公园，一系列新建的桥梁加强了沿河各城区的联系。第一个子项目在 2007 年春天建成。

松林道（策略性启动项目，2010 年建成）

松林道项目是一个线性的绿地公园，以连接曼萨纳雷斯河沿岸现有的和规划的城市公共空间。该项目的场地几乎完全坐落在高速公路的隧道上方，因此借鉴了马德里内陆的高山植物群落的特征。松树可以在贫瘠和坚硬的石头土地上存活，并因它们的韧性和高达 8000 多次的使用频率成为公园里最主要的树种。通过运用不同的修剪技术和对当地本土植物的精选，并以组团、非对称的方式种植，创造了一种动态的、具有舞蹈艺术的种植策略，使公园同时具备自然和雕塑的特征，随着时间的推移，它将成为一个植物的纪念碑。对植物和材料的精心选择与广泛测试、对一棵树的支撑结构的画龙点睛的设计，以及用于下部隧道结构的技术解决方案，都证明了实现这个城市公园是一项复杂的任务。

松林道，渲染图

向葡萄牙大道方向看
葡萄牙大道平面图及周边环境

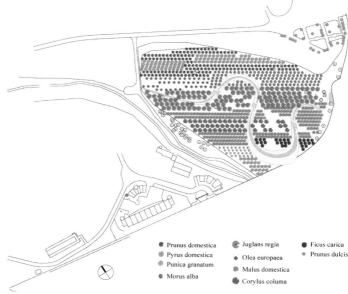

葡萄牙大道（2007 年 5 月建成）

葡萄牙大道是马德里市中心最重要的一条道路，并以其令人印象深刻的环境而著称。大道的一边是一条紧邻高密度居住区的汽车道，另一边是 Casa de Campo（早期西班牙国王的狩猎场），从远处看，它们在曼萨纳雷斯河沿岸为这个历史名城的中心提供了良好的景观视线。通过把道路移进隧道里和提供 1000 个地下停车位，使得葡萄牙大道改造为公园成为可能。进一步分析显示，这些改造后的场地可以作为城市中心外围的公共空间，以更好地服务周围居民。

方案设计以"葡萄牙之旅"为主题，并且把葡萄牙大道延伸到里斯本，在行进过程中，穿越以樱花闻名的峡谷，又能感受埃斯特雷马杜拉（Estremadura）地区极端贫瘠和不适宜居住的气候条件。樱花的抽象形式成为整个公园的设计元素，园内种植不同种类的樱花树以延长开花期，葡萄牙大道上的樱花铺装设计和与周围不同空间的串接，共同创造了马德里市深受民众欢迎的公共空间。

果树庭院（项目一期 2007 年建成，项目二期 2009 年建成）

在建造马德里皇宫的国王看来，一个整体效果良好的皇宫需要满足以下要求：可以在台阶上表演歌剧，靠近城市并且有小桥从公园里连接到他的果园、菜园和药用植物园，而狩猎场在远处。20 世纪 50 年代，代表着功能主义的基础设施建设把果园改造成了一个交通枢纽。从那时起，一直到 2003—2006 年的改造建设，这个场地一直保持着空的状态。相对于最初

从种植阶段的果树庭院看向远处的皇宫
果树庭院的树木种植设计图

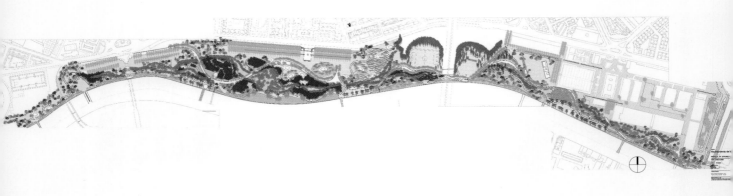

想重建一个历史的果园来说，今天的果树庭院代表着一种对果园的当代解读。通过运用不同种类的果树，以成组并列种植的方式，来强调庭院的主题——创建一个封闭的庭院。无花果和杏仁树、石榴等这类植物象征着早期天堂里的丰富植物。一条曾经流淌在地下的小溪，蜿蜒穿过整个场地，在它的出入口都做了特殊的水处理设计。从这个标志着水池结束的洞穴可以看到改建的整体效果——皇宫里各种巴洛克元素的连接。

阿尔甘苏埃拉公园（策略性启动项目，2011 年建成）

　　整个项目最重要部分（40 公顷）的中心主题是水。这条有着水渠和水堰的曼萨纳雷斯河平静地嵌入周围的建筑中。公园里的多种景观概念与景观体验都与水有关，可以让游客更加直接地感受和体验这个元素。一系列的水道流经整个公园，在它们的交汇处与地形相结合，形成了不同的景观空间和主题。单个水道也有不同的特色。例如 Río seco，虽然这个干涸的河床仅仅是由铺满卵石的河底和绿色的堤岸组成，但它们是对西班牙景观中干涸河流的一种诠释，水在不同的季节里有不同的景观。植物多样性让它有如人工的洪水草地和唤醒不同的情感主题，例如月光之河，是一个对历史和文化主题进一步研究的产物，如摩尔人的过去和西班牙中部的植物景观结合在一起并被固定在日常的视线里。（Christian Dobrick）

阿尔甘苏埃拉公园树木种植设计图

植物的挑战！
The Challenge of Plants!

卡西安·施密特（Cassian Schmidt）

植物，毫无疑问是景观设计领域内最基本的材料，同时它也是城市开放空间的一个最基本的设计元素。因而，每一个景观设计师都会有一定的植物知识。但是，景观设计师是否充分了解他们所种植物的潜力？同时，通过掌握并运用植物的专业知识，他们是否能够在实际建造中把自己与建筑同行区分开？或者，在不可驾驭和无法预知的植物材料开始占上风时，是否可以很好地控制它们？罗伯特·谢费尔（Robert Schafer）着手研究景观领域内越来越不愿意使用的植物，在他的一篇名为《设计结合植物》的评论中写道："植物是一种具有特殊习性和特征的活生物，它们能够在很多领域被广泛地塑造和使用。但同时，因植物的偶然无序性，建筑师都害怕使用它们，其结果是，当建筑师使用时，它必须是有序的、可控的和几何的。因此我们面临一个两难的问题：一些植物在建筑废弃后仍然继续生长。景观设计师需要克服自己的不情愿，毕竟他们的职业是从园丁开始的，他们与植物打交道多年，知道如何理解植物的习性。"[1]

所以，是今天的景观设计师疏远了园丁，还是对植物的恐惧使他们刻意让自己的工作区别于园林园艺专业？传统上，花园设计师总是一个很好的园丁，他们了解植物，以及与这些植物相适应的单独环境，还包括它们的养护要求。而今天，在景观设计领域内，涉及园艺的任何东西似乎都让人感到不屑，好像这已经过时了。这种陈腐思想已经开始出现在大学教育领域内。但是，作为一个景观设计师，如果忽视了相关的园艺知识，他将如何期望能正确发挥在花园中种类繁多的植物的作用呢？

这种后果是众所周知的，其导致了在设计中缺乏惊人的想象力。绿色植物的种类，常常减少为个人喜好的极少种类，例如小叶黄杨、竹子和桦树。另一方面，对于多年生草本植物，

皮耶特·奥多夫（Piet Oudolf），英国皇家园艺学会花园，威斯利（Wisley），英国——一种经过精心设计却看起来很自然植物设计

一些前卫建筑师担心其过度生长而无法控制，或者是由于对它们不熟悉而敬而远之。这一结果就导致定期修剪绿色植物成为流行，它们的形式和生长都可以被园丁的双手所塑造或抑制，或者被看护人有秩序地修剪，尤其是在一些引人注目的室外空间。大量的维护工作常常被默认是必须的。对于一个训练有素的园丁来说，专业的植物知识不再成为必须。但是，如果想要实现动态的和不同的种植概念，规划师和园艺师需要学会处理生长的自然过程、生物周期循环和变化。不幸的是，这些高要求对于很多人来说是一个巨大的挑战。

认为复杂的植物知识可以通过在大学教育期间一两个学期的课程来充分掌握，这是一种幻想。只有保持持续不断的好奇心，通过试验和敏锐的观察，通过自己的经验来判断什么是可行的，什么是不可行的，才可能创造出理想的种植设计。植物的动态特征——尤其是灌木——不断地提醒规划师和园艺师重新审视原有的设计理念，以进行介入和引导发展。

结合植物进行设计，看起来似乎有很多种不同的设计方法，但因植物是如此复杂，只有经验丰富的专家才敢接受这个挑战。毫不吃惊的是，少数一些著名的、在国际上活跃的植物设计师，如皮耶特·奥多夫（Piet Oudolf）（荷兰）、沃尔夫冈·奥伊默（Wolfgang Oehme）（美国），或者丹·皮尔森（Dan Pearson）（英国），都有渊博的植物知识和丰富的造园经验。这个事实反驳了一众由建筑师提出的言论——好的园丁不是好的设计师。同时，在景观设计师中形成了一种为数不多但逐渐明显的反向运动，即，倡导回归到真实的手工艺本源——植

汤姆·斯图尔特·史密斯（Tom Stuart Smith），英国皇家园艺学会花园，威斯利，英国——一种融合美学与自然主义的种植设计，展现出一种抽象的、对自然高度再现的风格

汤姆·斯图尔特·史密斯，英国皇家园艺学会花园，威斯利，英国——以草原为设计灵感的种植设计

物知识和造园术。在这些领域，植物是他们创造性活动的焦点。对一个抽象的景观来说，使用一些有特征和反差的植物是典型案例，一次性强化他们的存在。通过对本质的简化，可能创造出令人难以置信的刺激和惊人的植物设计。一些微妙的色差更加补充和突显了截然不同的纹理。稳定的冬季结构是植物更重要的品质，可以作为设计元素。一些经验丰富的种植设计师，因他们渊博的专业知识开始作为设计顾问，并在一些知名景观项目中平等地作为团队成员。不仅仅是可以熟练使用植物的设计师，就连植物本身也突然成了新发现的明星。植物被推崇到如此高的地位已经在很长一段时间里没有看到了。

今天，在城市开放空间中如何使用植物很大程度上取决于生态、美学和维护问题。能够耐压并且有弹性的草地景观，如美国大草原或西伯利亚大草原，那些令人难以置信的丰裕、抗寒、开花期长的草本植物和草，常常作为设计灵感和新的、低维护的种植设计概念而成为一种生态参考模型。欧洲的草原种植流行时尚开始在 1990 年代中期的德国，如多特蒙德的威斯特法伦公园（Westfalenpark）、汉诺威的贝格花园（Berggarten）、魏因海姆的赫尔曼肖夫植物园（Hermannshof），很快蔓延到英国、比利时、荷兰、卢森堡和法国。现在运用的术语"草原种植"，作为一个同义词，可以应用于以草为主的任何一种自然种植。[2]

都市绿化新发展的目标当然不是创造野生的、没有破坏的自然，而是强化令人振奋的、具有感官体验的自然。游客们对这些不同寻常的种植组合，是兴奋和好奇的。这些由规划师

亨克·格里特森（Henk Gerritsen），沃尔瑟姆广场（Waltham Place），英国——规则式设计，自然式种植
佩特拉·佩尔兹（Petra Pelz），龙讷堡（Ronneburg）的新景观，德国联邦园林展，格拉（Gera），德国，2007 年——把枯萎之美作为一种设计元素

和园艺师设计的植物创作在提醒我们，亲近自然环境是一种趋势。此外，减少对植物的维护也是非常重要的。[3]

　　在德国，从 1980 年代初期开始，主要由于受到理查德·汉森（Richard Hansen）教授的影响，植物社会学（phytosociology）率先成为决定特定场地种植适应性的基础。然而，根据植物的生境和受欢迎的指数[4] 来进行种植设计是复杂的，并且需要具备种植设计的详细知识和实践经验。鉴于公共支出的限制和在大学教育领域对植物运用的长期忽视，在过去的 25 年里，汉森教授这种更复杂的种植设计方法极少被运用在公共开放空间的设计中。因此，一个关键的问题是，是否缺乏这种考虑的植物设计在不远的将来都可以得到弥补。最近，一些有经验的植物专家根据模块化系统的原理，把多年生草本植物进行混合，以帮助那些没有种植经验的规划师在设计中寻找合适的植被配置。自 2001 年以来，"混合种植多年生植物种子"或者"整合种植体系"经科研机构的进一步优化，已经被广泛运用在都市绿化上。从基尔到慕尼黑，这些五颜六色的耐压草本植被已经在很多城市的交叉环道和路边草坪上得以运用。在此之前，从来没有这么大规模地在实践上运用。

　　这样一种把生态、结构和色彩结合在一起，精心考虑的规划谋略同样来源于植物社会学。多年生草本植物可以随机分布在整个场地，而不需要一个传统的种植计划。这些方法的目的是为规划师提供一种尝试和测试，以寻求一种低维护、可再生的种植模式，就像一个配方，

Hermannshof 植物园，魏因海姆，德国——像草甸一样的自然种植
卡西安·施密特，赫尔曼肖夫植物园，魏因海姆，德国——混播式种植

能够被运用在各种有问题的公共绿地上。对耐压植物品种的选择[5]，尤其是在阳光充足的地块和干燥的季节，应确保即使没有额外的水源，每一种植物组合仍能存活。不同的植物组合应适应其种植位置、季节特征和长期的动态发展。在有着良好教育背景和专研精神的园丁的照料下，对这样一个地块的多年生草本植物的养护投入相对较低——3-7 分钟 / 平方米 / 年，而传统种植的养护需要每年每平方米 20 分钟以上。

　　植物应用的未来真的要依赖于标准化种植概念吗？其实这里存在着风险，那就是标准化种植概念可能会被误认为是一种快捷实用的套餐，而被当成逃避处理植物细节的借口。尽管这种开创性的发展是至关重要的，但是对植物的创造性使用并不会一直停留在这个水平。重申我以前的观点：在城市绿地空间里，有趣和令人兴奋种植组合不应被过度使用。只有当良好的规划、丰富的植物相关知识和因地制宜的养护理念从一开始就紧密结合在一起的时候，植物组合系统才能发挥它长久的价值。未来，植物应该不仅仅是城市的装饰，还应作为景观设计的一个重要设计元素。现在是时候迎接绿植的新挑战了，在城市领域内巧妙地、创造性地开发利用植物的潜力。

里姆（Riem）景观公园，慕尼黑，德国——整体种植图：Latitude Nord Paysagistes，巴黎；草甸和多年生草本植物的种植：LUZ Landschaftsarchitekten 设计事务所，慕尼黑
900 平方米的"夏银"（Silbersommer），曼海姆城市绿化中采用的一种多年生草本植物混合种植方式，德国

自然植物群落作为一种植模式，伊利诺伊州大草原，美国

皮耶特·奥多夫，卢瑞花园，芝加哥千禧公园，美国——草原种植

贝斯·查特（Beth Chatto），砾石花园，Elmstead 集市，科尔切斯特，英国——适应气候条件变化的弹性植物种类

灌木作为改善路边绿化的一种手段

1 Robert Schafer, editorial article on the topic of designing with plants: (Mit Pflanzen gestalten), TOPOS, 37/2001.

2 美学 – 自然主义，一种受植物社会学影响的方法，通常被称为"新德国风格"，在荷兰和英国也有类似的形式，在那里，它已被称为"新浪潮种植风格"。See Stephan Lacy, (The New German Style), Horticulture Magazine, 10/2002.

3 考虑到公共开支的限制和气候变化的影响，诸如可持续性、节约使用资源以及尽量减少建造和维护费用等因素也有助于美观和令人兴奋的城市植被的应用。

4 Richard Hansen, Friedrich Stahl, Die Stauden und ihre Lebensbereiche in Garten und Grunanlagen, Stuttgart: Eugen Ulmer, 1981.

5 For detailed information see J. Philip Grime, Plant Strategies, Vegetation Processes and Ecosystem Properties, 2nd edition, Chichester: J.Wiley & Sons, 2001.

汤姆·斯图尔特·史密斯，特伦特姆（Trentham），英国——规则式布局下的草原多年生植物

利斯勒·达贝奥的大工作坊，维莱丰坦，法国

Atelier Girot 景观事务所，Gockhausen，瑞士

利斯勒·达贝奥（L'Île d'Abeau）的大工作坊（Les Grands Ateliers）项目位于格勒诺布尔市（Grenoble）和里昂市（Lyon）之间，它是罗纳－阿尔卑斯大区建工学院的一个研究建造技术和材料的实验室。这个项目坐落于山坡的开口上，这种场地特征创造了一个营建户外剧场和不同水平展览空间的机会。大工作坊是一个实验室，在这里各种材料和建造技术以1:1的尺度进行测试。 面朝大厅的户外空间设计为双重服务功能，既是一个工作区，又是一个展览空间。

景观设计的最初目标是用植被和黄麻来保护边坡的水土流失，用耐候钢做的台阶创造一个分层的竖向场地。陡峭的斜坡上种植的混合植被还包括岩蔷薇、迷迭香和蓼属植物。其余的景观种植主要是由草坪和一些遮阴树组成，如栾树和刺槐，它们一起融入罗纳—阿尔卑斯周围的田园风光中。这个景观项目的最大挑战是室内外空间的转换，即把一个本质上是田园

从维莱丰坦（Villefontaine）大道看大工作坊花园

建造任务：创造一个户外展览空间和一个圆形剧场

景观设计：Christophe Girot，Atelier Girot GmbH，Binzen Strasse 1，CH-8044 Gockhausen（www.girot.ch）

建筑设计：Lipsky + Rollet Architectes，18 Rue de la perle，75003 Paris（www.lipsky-rollet.com）

项目位置：法国维莱丰坦 Les Grands Ateliers de l'Îsle d'Abeau

业主：EPIDA（Etablissement Public de l'Isle d'Abeau），Minister of Culture，Direction of Architecture and Heritage，DRAC Rhône-Alpes

竞赛时间：2000 年

建成时间：2002 年

占地面积：4 公顷

材料和植被：在陡峭的山坡上，采用耐候钢固定台阶和密集种植相结合；在平坦的空地上种遮阴树；与建筑后面现有的乡村公园相结合

植物清单：山上的植物：*Polygonum aubertii，Artemisia vulgaris，Cistus sp.，Rosmarinus officinalis*；树：*Gleditsia inermis 'Shademaster'，Sophora japonica，Quercus cerris，Quercus coccinea，Quercis castaneifolia，Quercus macrocarpa，Quercus petraea，Quercus rubra*；行道树：*Pyrus calleryana*

造价：100 万欧元

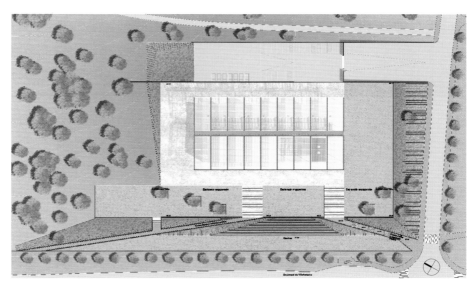

总平面图
停车场的耐候钢墙

和乡村的空间，转换成一个城市空间，同时在其内部与现有的乡村特征进行结合。从上方的街道进入场地的交通流线和可视性是整体景观中的重要因素。该户外空间与相邻社区保持连接，通过一个缓缓的坡道和一个阶梯步道，把人们从上方的街道引向下方受保护的展览空间，周围的斜坡都种植了植被。这是一个在深受大量开挖和建设影响的场地下，如何进行环境修复，恢复自然形象的景观案例。（Atelier Girot）

通向公共游憩场的台阶

公共游憩场
耐候钢台阶细部

波尔多植物园，波尔多，法国

凯瑟琳·摩斯巴赫景观事务所（Mosbach Paysagistes），巴黎，法国

波尔多植物园位于加伦河（Garonne）岸边的第一层露台上，场地最早被用作花园集市，后来又作为手工艺人的仓库。

设计从清理有污染的场地开始。同时，必须创造一个具备多种功能的植物园：它是一个教育中心（关于挑战生物多样性和可持续发展）、一个温室、一个实验室，同时还是一个社区花园。整个项目的目标是为了展示阿基坦盆地（Bassin aquitain）的自然环境与生态的关系、大规模种植与人类植物学的关系（也就是说，通过制药学、工业、医学等来反映人与植物的关系），同时还在一个温室内展示水生环境和有异国情调的环境。

耕作林

建造任务：创造一个多功能的植物园，具有教育功能，同时是社区花园和研究中心

景观设计：Mosbach Paysagistes；Jourda Architectes（建筑）；Catherine Mosbach，Pascal Convert（大门）

项目位置：法国波尔多右岸 La Bastide neighbourhood

业主：波尔多市政府

建成时间：项目一期：花园，2002 年；项目二期：博物馆和花房，2004 年

占地面积：4.7 公顷

植物园植物清单（精选）：微型叶子树（不超过1厘米，主要在南半球）: *Genista aetnensis, Fokienia hodginsii, Erica arborea, Erica lusitanica, Callistemon citrinus, Dacrydium cupressinum, Saxegothaea conspicua*；小叶子的树（不超过3厘米）: *Azara microphylla, Azara lanceolata, Nothofagus dombeyi, Nothofagus antarctica, Ulmus parvifolia, Hoheria sexstylosa, Maytenus boaria, Eucalyptus parvifolia, Eucalyptus nicholii, Luma apiculata, Myrica cerifera*；有尖椭圆形叶子的树木: *Carpinus viminea, Tilia henryana, Tilia heterophylla, Meliosma parviflora*；混合叶子的树: *Gymnocladus dioicus, Toona sinensis, Pterocarya stenoptera, Carya ovata, Aralia ovata, Sophora tetraptera*；有小裂叶的树（不超过10厘米）: *Lindera obtusiloba, Sassafras albidum, Eleutherococcus senticosus, Alangium platanifolium, Dendropanax trifidus*；有掌状叶或大圆形叶的树（不超过20厘米）: *Firmiana simplex, Mallotus japonicus, Idesia polycarpa, Kalopanax pictus, Populus lasiocarpa, Paulownia fargesii, Aesculus turbinata*；有巨大叶子的树（不超过80厘米）: *Magnolia macrophylla, Magnolia officinalis biloba, Magnolia tripetala, Emmenopterys henryi*

造价：约780万欧元

场地平面图

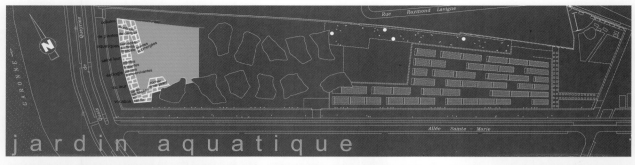

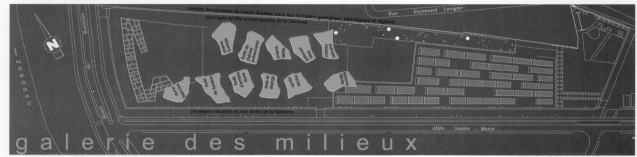

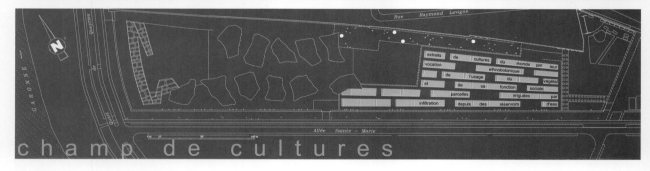

整个场地展现出两种自然环境特征：一边是石灰石景观，另一边是沙景观。同时，用一系列成块（岛状）的土壤剖面来展示滋养植物的地下层的构造，及其内部的自然环境特征。

在"耕作林"（Field of Crops）部分，用土坎划分为 44 块土地，它们通过渗透取水来进行灌溉种植，这种灌溉技术是在贫穷国家，尤其是缺少水资源的地区，最适宜的一种具有传统智慧的技术。水花园，同时也是一个观赏池，它们组成了加伦河上的花园，成为远处大型游艇的异域景象。最后，与艺术家帕斯卡尔·孔韦尔（Pascal Convert）合作的大门，通过一个对植物生长世界的解释来强调整个花园的入口。（Catherine Mosbach）

植物园中三个主要地块的种植平面图

耕作林

环境展示区

水花园细部

水花园整体鸟瞰图

白沙丘，环境展示区

绿色是美好的——21 世纪的新花园城市？

"Green is Cool"——New Garden Cities for the 21st Century?

乌多·维拉赫（Udo Weilacher）

　　随着全球环境危机的加深和持续把世界各地大城市的无限扩张当作这一危机最重要的原因之一，专业人士和公众对"花园城市"[1]的美好愿景越来越寄予厚望。对于许多景观设计师来说，这激起了他们的希望，在他们看来，这是在苍白无生机的现代大都市中，迟来已久的绿化机会。虽然，在 1965 年，德国心理分析学家亚历山大·米切利希（Alexander Mitscherlich）已经定义了"荒凉城市"[2]这一术语。然而，即使在那个时候，对城市无节制增长的批判和希望通过都市绿化来使城市更健康的呼声一点儿也不新鲜。

　　自从 19 世纪以来，工业城市的爆炸性扩张使城市和乡村之间的不平衡已经变得非常明显。这催生了各种不同的城市建设理论，与同时代关心的主题不同的是，它们并没有被迫切需要解决的全球环境问题而驱动，而是通过思考如何重新组织城市的生活、工作、休闲和交通运输等功能的需求，来创造一个健康、美好的都市生活环境的愿景。城市绿地总被认为是一个有点儿重要的角色，并且每个都市有机体一直被认为是独立的，很少作为全球网络的一部分来看待。

　　从目前的视角来看，当我们思考花园城市到底是为未来提供了一个有前途的愿景，还是只是一个多年来"反城市"的陈词滥调时，我们一定要记住，当今世界约一半的人口，欧洲

美国底特律：自然重新占领城市：对那些欣赏废墟浪漫主义的人们来说是一种审美愉悦，但对城市居民来说却是一个可怕的场景

近 80% 的人口都住在城市和有卫星城的大都市里，而且这一数字还有持续增长的趋势。因此，人类的未来在城市中，随之而来的是，未来城市的自然环境将在全球范围内具有重要意义。德国也是如此，如果我们要避免不负责任的、短视的和具有破坏性的城市政策，必须重视这种城市的水平式扩张。

　　作为最具创新思想的当代城市规划师之一，巴西建筑师贾米· 勒讷（Jaime Lerner）认为"城市不是一个问题，城市是解决方案"。[3] 勒讷多年来一直担任巴西库里蒂巴市（Curitiba）市长，库里蒂巴是一个拥有一百万人口的城市，并且被公认为是当今未来城市的典范。他把发展高效的城市公共交通系统放在首要位置，并且给出很好的理由：私人车辆的通行不仅引起二氧化碳排放量的增加，也导致城市的能源需求和土地消耗增加。毕竟，城市中 70% 的能源消耗完全由城市是如何规划而决定，尤其是城市的基础设施规划。因此，我们不可仅从诸如城市绿化等单方面考虑，来谈论如何解决城市未来的可持续问题。

　　体现城市密度和能源消耗两者之间紧密联系的一个众所周知的例子是底特律市，由于其曾经繁荣的汽车工业也被称为"汽车城"。1950 年，底特律拥有 185 万居民，是当时美国的第四大城市。在 20 世纪上半叶，三大汽车制造商——福特、克莱斯勒和通用汽车带来了巨大的城市增长。1955 年，通用汽车公司促成了城市有轨电车系统的拆除，汽车城的工人自然应该驾驶汽车上下班。因此，虽然底特律市得到了极大的扩张，但其城市密度却在迅速下降。每一个自豪的车主都梦想在郊外拥有一处私人住宅，以实现他们驾驶自己的豪华汽车通勤的目标。

美国底特律：在过去的几十年里，底特律城市的惊人衰退导致了废弃土地剧增，其面积过大，无法用绿化策略来弥补

　　汽车行业的结构性变化最终导致灾难。汽车制造商搬出城市，转移到那些能够提供更便宜的生产条件的地区，这一结果导致城市人口急剧萎缩。目前，大约有 90 万人居住在汽车城，由于没有配套的城市公共交通系统，自 20 世纪 50 年代以来，他们几乎完全依赖私人交通工具。这么巨大的影响和完全无计划的收缩是很明显的，不仅仅体现在城市的高度多孔结构中。整个城市的基础设施，从下水道到文化设施，都受到使用人数下降和高昂维护成本的影响，而越来越难以负担。大自然开始迅速重新占领这些废弃的建筑和荒地，但是在底特律没人认为这是一个对曾经辉煌的工业时代的浪漫延伸，恰恰相反，在居民眼中，"自然"再次出现在城市里是文化衰落和生活质量下降的显著信号。这些废弃地区高昂的改造成本和维护费用，完全排除了把它们转变为城市花园和公园的可能性。对底特律市来说，作为花园城市的典范是完全荒谬的。

　　尽管在如此困难的城市境遇下，一种异常活跃的菜园文化出现在汽车城，而无需任何景观设计学学术上的解释。为了再次探索自给自足，居民们开始在这些废弃的土地上种植水果、蔬菜和农作物。虽然这不能让居民回到城市，也不能解决基础设施过剩的问题，但是它能显著减缓不断加剧的衰退。一个重要的问题仍是城市密度过低，这揭示了一个重要关系：与一个城市密度是其两倍的欧洲城市相比，底特律消耗了近十倍的能源。哥本哈根是一个每平方公里有 5970 人的城市，大约是底特律每平方公里 2537 人的两倍，但其能源消耗却只有汽车城的十分之一。[4]

意大利米兰：理想城市"米兰圣会"是按照福斯特建筑事务所的规划建造的，它位于意大利北部都市圈东南角一处 120 公顷的前工业区用地上
意大利米兰：拥有大量的绿地和高密度的城市结构，预计可容纳 70000-80000 名居民和游客，新城区试图在城市和绿地之间建立积极的联系

意大利米兰："米兰圣会"的中心是由荷兰 West 8 设计事务所规划的中央公园，其设计遵循总体概念，旨在高密度的城市环境中创造良好的生活质量

意大利米兰："紧凑型城市绿地"不仅是米兰追求的目标，也是慕尼黑的目标，慕尼黑是德国密度最高的城市之一，每平方公里居住人口约有 4274 人

15 年前，在 1993 年，作家和城市规划师迪特·霍夫曼－阿克斯海姆（Dieter Hoffmann-Axthelm）写道："不能允许城市因为过度扩张而消耗更多的土地，这是一个生态规则。"[5] 然而，除了持续呼吁更多的城市绿化，仍然有许多力量抵制增加城市密度。据德国联邦统计局记录，人均居住面积从 1965 年的 22 平方米增加到 2006 年的 42.9 平方米。[6] 人均居住面积最高的是美国，达到 68.1 平方米，紧随其后的国家的数字也与之非常接近。在中国，人均居住面积从 1980 年的仅 8 平方米增加到 28 平方米。在德国，当前的土地消耗率是每天 113 公顷。其中，大部分是位于城市郊区的独立和半独立家庭住宅，这对很多人来说仍然是一个理想的、拥有绿色环境的家庭住宅。

100 多年来，我们已经知道花园城市是城市可持续发展的愿景。甚至连埃比尼泽·霍华德（Ebenezer Howard，1898 年花园城市的发明者[7]）也不得不承认在他的有生之年，他的示范城市无法应对工业城市的扩张。花园城市的密度是如此低，随之而来的问题会特别严重，尤其是在交通和基础设施方面。花园城市的乌托邦，无法满足大规模的全球城市发展的现实需求。

然而，把城市建设成为花园，生活在花园般的城市绿色环境中，这些诱人的陈词滥调一直是许多人坚持的共识。这种对花园城市的解读，导致城市中心的低密度和伴随的对城市外围土地资源的无节制消费。如果我们不想进一步加速全球环境崩溃，必须停止这种做法。

但是，都市绿化仍然是美好的。英国建筑师诺曼·福斯特（Norman Foster）对这一点深信不疑。多年来，他一直致力于其所倡导的"绿色议程"（The Green Agenda）倡议。2007 年在慕尼黑，他宣称"'绿色议程'可能是当今时代最重要的议程和议题"[8]，并确认两个关键问题：第一，人类是否能够创造出消耗较少能源的环境友好型交通理念？第二，社会能否接受技术进步，即计算机技术将渗透到日常生活的方方面面，即使会伴随着所有的奥威尔式后果？看看福斯特建筑事务所（Foster + Partners）对未来的乐观愿景，你就会明白在未来的城市设计中，能源效率、环境保护和流动性将扮演多么重要的角色。但是，如何把

这些单个的想法转变成一个拥有宜人空间的城市，以及由此产生的都市绿化又是如何完全的不一样呢？

当前，欧洲最大的城市发展区域是一处位于米兰郊区、面积达 120 公顷的前工业区。在这里，福斯特建筑事务所正在规划一个名叫"米兰圣会"（Milano Santa Giulia）的城市，它是一个预计能容纳 70000-80000 居民和游客的理想城市。考虑到上述因素，该项目的目标是设定新标准，尤其是在可持续方面。理想城市总体规划的核心概念是建立一个巨大的城市绿地空间，即被福斯特称为城市"绿肺"的一个面积达 30 公顷的大型中央公园。为了达到这个目标，一方面，通过高密度的建筑来减少土地使用量；另一方面，在规划的新城里提供巨大的城市绿地，以创造宜人的生活环境。

在某种程度上，这个项目就像其 100 年前的前任——埃比尼泽·霍华德的花园城市运动——一样，试图在城市和景观之间找到一个理想的联系。经过对比发现，项目呈现的户外空间，从外观上看，与其 19 世纪同行所创造的仅是略微不同而已。然而，最主要的区别似乎是我们终于意识到，城市不是一个花园，而是一个密集的社会过程。当我们不再把城市本身看成一个问题，而是接受它作为解决方案时，当花园不再被用作一个万能公式时，花园城市只是能为我们提供一个宜人的视觉愿景。

"食物之城"（food city）是景观设计师理查德·韦勒（Richard Weller）的方案，以弗兰克·劳埃德·赖特的乌托邦愿景为基础，旨在农业、住房和工业之间建立新的联系

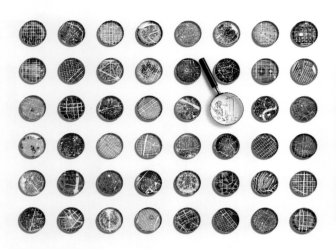

1 See e.g. the EXPO 2000 project »Stadt als Garten« (The city as garden) in Hanover.

2 See Alexander Mitscherlich, *Die Unwirtlichkeit unserer Städte. Anstiftung zum Unfrieden*, Frankfurt am Main: Suhrkamp, 1965.

3 Jaime Lerner: »Cidade não é problema; cidade é solucão«, in: »Curitiba it's possible«, a film by Jörg Pibal and Paul Romauch, 2008.

4 See also Peter Newman, Jeffrey Kenworthy, *Cities and automobile dependence: An International Sourcebook*, Aldershot, UK: Gower Publishing, 1989.

5 Dieter Hoffmann-Axthelm, *Die dritte Stadt. Bausteine eines neuen Gründungsvertrages*. Frankfurt am Main: Suhrkamp, 1993, p. 141.

6 Statistisches Bundesamt (German Federal Statistical Office), Wiesbaden: *Bautätigkeit und Wohnungen*, Fachserie/Series 5, Heft/Vol. 1, Wiesbaden 2008.

7 See Ebenezer Howard, To-Morrow. *A Peaceful Path to Social Reform*, London: Swann Sonnenschein, 1898.

8 DLD Digital Life Design Conference 2007 in Munich.

花园城市：尽管花园城市的形象很吸引人，但问题是，这种城市规划的现代版本能否为我们提供比他的英国同行做得更好的未来？

花园城市：1898 年版本的花园城市愿景，在澳大利亚珀斯的城市发展方案里得到重新诠释，每个小城镇都预计可容纳 32000 名居民

私人花园，柏林，德国

加布里埃拉·帕普（Gabriella Pape），柏林，德国

　　1998 年刚开始对这个花园进行重新设计时，场地是空的，长满了苔藓似的杂草和凌乱缠绕的迎春花，它们常常在那些被遗忘的花园里到处繁殖。除了那些成熟的大树需要被保存下来以外，业主不想保留场地上任何现有的植被。花园一个重要的现状是，几乎所有的大树——除了两颗大的杨树——都位于花园的后部，这为良好的光照提供了条件，尤其是对这块朝北的区域。所有场地因素都为创建一个自然阴影花园提供了良好的条件。

　　依照惯例，花园的前半部分主要是作为欢迎入口区域。由于这块区域是花园里享受正午阳光最好的位置，因此在这里设计了一个户外就座的区域。尽管花园的前院通常不是过久逗留、消磨时间的地方，但它不应该因此被忽略而匆匆了事，毕竟，一个不常使用的空间也有其存在的目的。

从花园看房子

建造任务： 重新设计私人花园。客户要求：保持宽敞开放的花园，有足够的空间供孩子玩耍，树屋

景观设计： Königliche Gartenakademie, Gabriella Pape, Altensteinstr. 15a, 14195 Berlin（www.koenigliche-gartenakademie.de）

项目位置： 德国柏林

业主： 私人业主

建成时间： 2002 年

占地面积： 1260 平方米

植物清单： 草本绿化带：*Aconitum arendsii, Alchemilla mollis, Allium 'Purple Sensation', Anemone 'Honorine Jobert', Aquilegia 'Kristall', Campanula lactiflora 'Prichards's Variety', Campanula persicifolia, Digitalis lutea, Doronicum orientale, Eremurus ruiter*；杂交植物：*Geranium magnificum, Helianthus 'Lemon Queen', Hemerocallis lilioasphodelus, Iris sibirica, Lupinus 'Kronleuchter', Molinia x arundinacea 'Windspiel', Nepeta 'Six Hills Giant', Papaver 'Beauty of Livermere', Rosa 'Constance Spry', Rosa 'Albertine', Rosa 'Félicité Perpétue', Rosa glauca, Rudbeckia 'Goldsturm', Tulipa 'Queen of the Night', Tulipa 'White Triumphator', Veronicastrum virginicum 'Lavendelturm'*；遮荫花园：*Taxus sp., Aruncus dioicus, Deschampsia cespitosa 'Goldschleier', Geranium macrorrhizum, Helleborus orientalis, Hosta plantaginea, Hosta sieboldiana 'Elegans', Hydrangea paniculata 'Unique', Kirengeshoma palmata, Molinia x arundinacea 'Karl Foerster', Philadelphus coronarius, Thalictrum aquilegifolium*

施工单位： Garten- und Landschaftsbau Winklhofer, Berlin

造价： 未提供详细信息

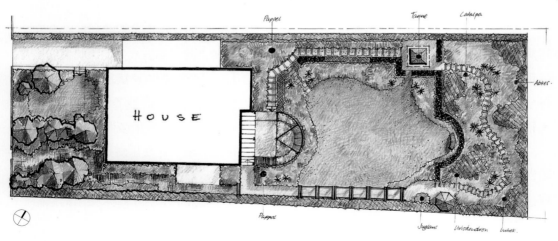

改造前的花园

平面设计草图

种植设计策略主要通过利用在这样良好的条件下生长茂盛的玫瑰花来实现。另外，保留现有的杜鹃花，通过修剪和在花园里增加一些新的植被来创造更多的私密性。

正向所有家庭一样，对花园的需求和渴望，在不同年代和不同性别的人之间有着显著区别。设计的目标是尽可能地满足这些不同需求，同时不忽略那句英国格言"一个花园是由反复出现的预期和意外组成"。为了达到这个目标，在靠近厨房的位置设立了一个抬起的平台，并在其上空用钢制的藤架限定。这一方面，是为了给全家在夏天创造一个良好的户外空间；另一方面，上升的台地使父母可以更好地照看在远处隐藏起来玩耍的孩子。由于一对凉亭的尺度可以影响一个花园，所以最好是把它们隐藏起来，不一定是藏在花园的尽头，至少藏在绿篱和灌木丛后面。

在花园的边缘有一颗巨大的冷杉树，树干裸露，形成一个高大的屏障，可以给家庭提供一个树屋。在这里，孩子们可以培养他们自己的真菌。

为了满足父母的愿望，创建了一个有机形态的、由郁郁葱葱的草花带围成的大草坪。它们被紫杉绿篱围合，这些绿篱在夏天被灌木丛完全遮蔽，在冬天可以作为花园的骨架。重要的是要意识到，在这里，绿篱并不代表与邻居的分界，实际上它只是作为花园内部的分隔，在它后面是一条通向树屋休息区的隐蔽小路和遮阴灌木花园。

后花园占场地总面积的三分之一，为了尽量合理利用场地，大多数树木都是孤零零地立着，不仅仅是房子，藤架也变成了一个神奇的遮阴花园，它们被很多草本灌木点缀，包括很多玉簪属草本植物和其他开白花的草本植物。（Gabriella Pape）

藤架下的小径和新的台地花园

前院的座椅休息区，旁边栽有玫瑰花和杜鹃花
从厨房看向新露台和藤架
茉莉花下的工具房

瑞士再保险公司全球对话中心，鲁西利康，瑞士

Vogt Landschaftsarchitekten，柏林，德国

　　位于瑞士鲁西利康（Rüschlikon）的博德默尔（Bodmer）别墅，建于 20 世纪 20 年代，现在用作瑞士再保险公司（Swiss Re）的会议中心。该别墅拥有特殊的地理位置，能够俯瞰整个苏黎世湖，既可以全景观赏周围的自然景观，又可以远眺壮观的格拉鲁斯阿尔卑斯山（Glarus Alps）。

　　博德默尔别墅花园最初由阿道夫·维韦尔（Adolf Vivell）设计，是那个时代一个典型的上流社会公园。花园里主要使用两种造型手段：一种强调几何，另一种强调自然。它们在同一时期被设计，且排列在一起。在花园建造的第一年种植了一些高大的树木，它们与别墅建筑和大面积的新植被一起，构成了这个复杂综合体的空间骨架。在这里，建筑与绿色植物之间的相互关系已经成为历史概念的一个方面，作为重新设计的一部分，与新建筑、花园的环境背景相结合，得以重新诠释。

　　通过精心细致的改造，项目创建了一个在室内外空间中美学渗透，它在连接与分隔之间相互作用。在重新设计花园时，总体上继续发扬了原花园把两种截然不同的造型风格并置的设计策略：即把强调几何建筑造型的部分放在中央，而把强调自然、自由流动的部分围绕在四周。虽然花园的两部分之间的界限清晰可见，但是视线可以从一边看到另一边，并在两者之间产生一个强烈的对比。这种能够相互看到的特征，同时强化了各自花园的特色。

　　花园里强调几何造型部分的特点是通过用大的、严格划分的区域，及一定的体量和精确

从博德默尔别墅的花园眺望

建造任务： 瑞士再保险公司全球对话中心花园设计。将新建筑融入现有的、历史悠久的花园与别墅的结构之中，同时考虑到现有历史树木的价值。花园长期规划的目标是保护原有的整体设计概念

景观设计： Kienast Vogt Partner; Vogt Landschaftsarchitekten AG, Stampfenbachstrasse 57, 8006 Zürich (www.vogt-la.com)

建筑师： Marcel Meili, Markus Peter Architekten AG, Zürich

项目位置： 瑞士鲁西利康 Gheistrasse 37, CH-8803, 瑞士再保险公司全球对话中心

业主： Schweizerische Rückversicherungsgesellschaft

设计与建造： 2000 年以前为 Kienast Vogt Partner; 2000 年以后为 Vogt Landschaftsarchitekten AG

建成时间： 项目建设时间为 1996—2000 年，此后一直陆续改善

占地面积： 27000 平方米

植物清单（精选）： Acer (Acer buergeranium, Acer campestre, Acer capillipes, Acer davidii, Acer palmatum, Acer palmatum 'Osakazuki', Acer pensylvanicum, Acer pseudoplatanus, Acer platanoides, Acer platanoides 'Crimson King', Acer rufinerve, Acer truncatum), Aesculus hippocastanum, Betula pendula, Buxus sempervirens, Calocedrus decurrens, Carpinus betulus, Cedrus atlantica, Cercidiphyllum japonicum, Chamaecyparis (Chamaecyparis lawsoniana, Chamaecyparis nootkatensis, Chamaecyparis pisifera 'Pendula' and 'Filifera Nana'), Cornus nuttallii, Ilex aquifolium, Juniperus chinensis, Liriodendron tulipifera, Magnolia (Magnolia kobus, Magnolia stellata), Metasequoia glyptostroboides, Pinus (Pinus nigra, Pinus sylvestris), Populus nigra 'Italica', Prunus (Prunus 'Accolade', Prunus cerasifera 'Nigra', Prunus incisa, Prunus speciosa, Prunus subhirtella 'Autumnalis'), Quercus (Quercus coccinea, Quercus cerris), Salix caprea, Sequoiadendron giganteum, Taxodium distichum, Taxus (Taxus baccata, Taxus baccata 'Pyramidalis'), Tilia (Tilia cordata, Tilia oliveri, Tilia X euchlora), Thuja (Thuja occidentalis, Thuja plicata)

造价： 未提供详细信息

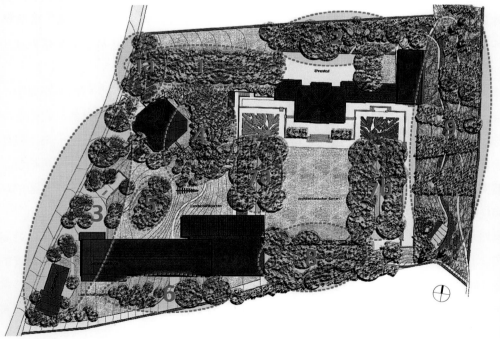

树群
1   菩提树大道
1a   松树群，别墅入口
2   针叶树林，内院
3   橡树和山毛榉林
4   针叶树林，教堂
5   松树山
6   桦木林
7   栗树树阵
8   枫树林
9   可耕种的荒地

显示树木分组种植的总体规划

的比例分割，来形成一个单色的、有细微差别交替出现的绿色区域。在中心区域，用一个绿色的广场来创建一处令人心情舒缓的空间。与原来强调对称和轴线的设计概念有一点不一致的是，添加了一点儿潜意识的刺激。虽然原有的由黄杨花圃围出的轮廓得以保留，传统的装饰花卉已被不同肌理的绿色植物替代——框架和填充合并在一起。在邻近草坪上种植了不同时期开花的花朵，替代了那些仅在春天短暂葱郁的草坪。在别墅内外不经意地向周围远眺，就与相邻公园建立了视觉连接。

花园里强调自然造型部分的特点是把周围的环境嵌入花园内部。这部分花园由一系列不同的视觉印象来组成：通过不同的变化来呈现花园的中心主题——多样、对比和惊喜。围合空间的背景加上一连串不同密度和透明度的空间，创建了一个清晰的、易达的景观：柔和的景观与树木相结合，似乎夸大了自然的感觉，并使建筑更加戏剧化。补种的大矮松树，如同柏树形成了一个多年生草本植物边界那样，构成了一个有良好肌理与层次的树叶背景。

在强调自然特征的区域，专门的园艺种植团块强化了人工荒野的美学意境。这些熟悉的和意料之外的植物组合，形成了视觉上的对比：大花槭树（snakebark maple）被繁茂的藤本月季和铁线莲包围，变成了植物混合体，花圃的边界在此处变成了填充，这些鲜花以球根植物的形式在很短的时间内开花，在草坪上交替绽放。一个精心设计的汇集了花、叶和秋天的色彩、芬芳的气味和果实、不同纹理的树叶和树干结构，以及光与影的相互作用，共同创造了一年四季不断变化的景观氛围。

露台及其特殊的几何设计

黄杨花圃细部
从前景是两个对称黄杨花圃中的一个看向花园
会议大楼附近松树坡上的小径

　　花园中令人兴奋的空间和美学品质，不可能在任何一处体验到它的全部，相反，却能时刻体验到其整体性。游客在花园里漫步，就像漫步在最初的那个花园中一样。在这个栽满古树的历史园林里，其基本理念是持续不断的变化。花园长期的规划目标不是要保持现状，而是要依照整体设计理念，不断发展公园。无论是对珍贵的成熟树木的精心护理，还是去除病变或死亡的树木和更换新种植的树木、灌木林和灌木丛，都必须重新考量每一处实例，评估其是否与早前的设计理念相违背。尽管其具体的美学形态是不断变化的，就像植物本身不断变化一样，但整体形象仍然保持不变。（Vogt Landschaftsarchitekten）

荣誉庭院
东面斜坡的人工荒野

私人花园，布鲁日，比利时

比利时 Wirtz 国际景观设计事务所，斯霍滕，比利时

在比利时布鲁日的老城中心，业主买了一个漂亮的老房子并且把它完全翻新。作为狂热的当代艺术收藏家，他们希望拥有一个带花园的房子，以展示他们的户外艺术收藏品。

一个抬起的映射池把右手边的温室反射到水中，水池四周用黄杨绿篱围合。黄杨绿篱沿着这个直线条的水池，布置在现有的紫杉树周围，使花园感觉更加幽深。这些弯曲的几何图形为艺术品的展示创造了更多的空间。这种更加当代的形式与传统的矩形花园相结合，以不同元素之间的复杂关系为特征，创造了一个令人惊诧的共生。即使在冬天天色灰暗时，亮绿色的绿篱和映射池里的水会使花园看起来更加明亮。 花园里植物的种类非常简单。所有的绿篱都是黄杨组成的，只是高度不同。在黄杨上方，不同树木的树冠创造了各种各样的剪影，

从花园看向房子

建造任务：重新设计一座老的、未保护好的市内花园

景观设计：Wirtz International nv，Botermelkdijk 464，B-2900 Schoten（www.wirtznv.be）

建筑师：Marcel Meili，Markus Peter Architekten AG

项目位置：比利时布鲁日

业主：私人业主

建成时间：2003 年

占地面积：500 平方米

植物清单（精选）：*Buxus sempervirens，Carpus betulus fastigiata，Acer rubrum，Cercidiphyllum japonicum，Malus toringo，Cladrastis kentukea，Cornus nuttalii，Acer palmatum*

造价：17 万欧元

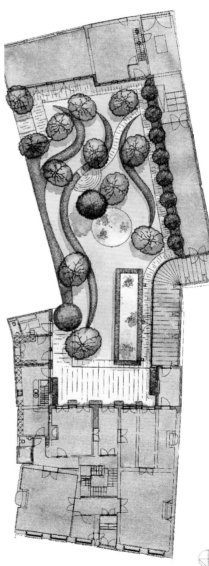

美国香槐

总平面图

全景图

形成了花园的特色。一方面，这些起结构作用的树，如金字塔形的角树，可以遮挡邻居的视线；
另一方面，这些令人感兴趣的多样树种，诸如红枫、连香树、沙果树、黄槐、山茱萸、日本
枫树等，分别在不同的季节开花，让花园在秋天展现出迷人的色彩。

　　一个轮廓分明的常绿结构（骨架）和自然生长的树相结合，赋予这个优雅的城市花园一
个令人印象深刻的均衡比例。

映射池

角树遮挡了附近的建筑物
黄杨绿篱的流线设计

耶路撒冷圣十字圣殿花园，罗马，意大利

保罗·皮佐隆（Paolo Pejrone），雷韦洛，意大利

在这个精心设计的花园里，所有主要路径都被高大、简单的藤架所覆盖，这些藤架不仅为游客，更重要的是为园丁提供了遮阴的功能。这种类型的花园需要有奉献精神和艰辛的工作：这是一个充满创造力和不断变化的地方，从来不会变得单调；所有植物都需要定期维护，但间隔时间不同。没有什么东西像一座欣欣向荣的花园一样变化多端。

藤架被厚厚的葡萄藤和玫瑰花所遮盖，并且围绕整个花园的环形墙面（Circus Heliogabalus）布置。那些由去皮的栗子树干制成的藤架，覆盖着细藤条，而不是网架，用以支撑较重的"罗马"

从耶路撒冷圣十字圣殿花园远眺，背景是拉特朗大殿（San Giovanni in Laterano）

建造任务： 耶路撒冷圣十字圣殿花园重建，通过保存考古遗址来保护这个地方的历史，以及通过规划一个种植路径系统来保护和保存花园的原始功能

景观设计： Paolo Pejrone，Via San Leonardo 1，IT-12036 Revello

项目位置： 意大利罗马 Piazza Santa Croce in Gerusalemme 12，00185

业主： Associazione Amvici di Santa Croce in Gerusalemme

设计时间： 2003 年

建成时间： 2004 年

占地面积： 3500 平方米

材料和植被： 地面：夯实的土壤和小碎石；藤架：栗木

植物清单： 菜园植物：*Rosa 'Albéric Barbier'，Rosa 'New Dawn'，Hydrangea 'Mme Emile Mouillére'，Iris，Rosmarinus officinalis，Citrus spp.，Vitis vinifera，Fragaria spp*

造价： 大多数植物的资金来源是通过捐赠获得

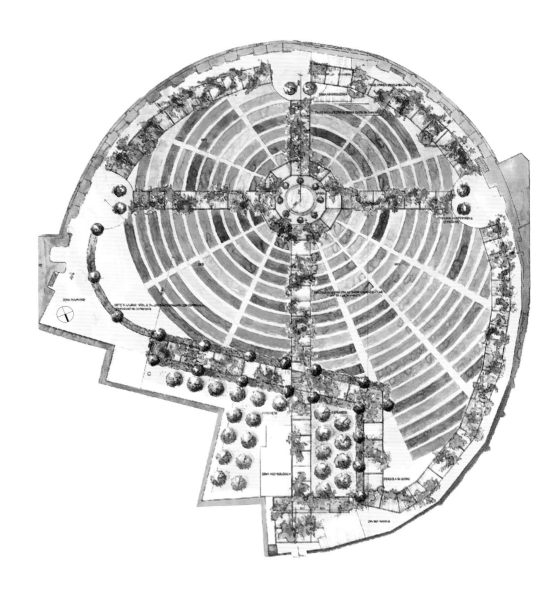

手绘总平面图

葡萄藤。在葡萄藤之间点缀的白色开花植物是藤本月季—冰山（Iceberg climbing roses）和阿尔贝里克（Alberic Barbier），它有着同样白色的花朵和漂亮的光泽，以及几乎常绿的叶子。从上往下看，它们创造了明亮的、色彩鲜艳的斑点。在藤架的脚下，无数的草莓、香堇菜、蓝色的百子莲、岩白菜（bergenia）和紫菀属植物（vittadinia），形成了一个不断连续的主题。

　　耶路撒冷圣十字圣殿（the Basilica Di Santa Croce in Gerusalemme）的大入口是由雕塑家雅尼斯·库奈里斯（Jannis Kounellis）[1] 设计和制作的，朝向圣十字圣殿前的广场。

----

① 意大利艺术家雅尼斯·库奈里斯被誉为"贫穷艺术运动先驱"，2017 年 2 月在罗马逝世，享年 80 岁。"贫穷艺术"一词源于 20 世纪 60 年代。"贫穷"艺术家直接从生活中取材，以求达到生活和艺术的结合，让观者投入作品的目标。——译者注

花园中央的圆形藤架和水池

植物生长细部
爬满藤本月季的藤架

游客通过大入口进入花园，就被引向花园的中心，此处的标志是一个低矮的圆形水池，就像这个花园的眼睛。水池的一个重要功能是通过收集渗透的水来灌溉花园。这种精心设计的、对水的动态利用，打破了传统上对水的平静的、固定的印象。十字形的布局属于典型的古代园林，它们笔直、同心的骨架，为不同的种植地块提供了易达的小径。那些成排种植的蔬菜，根据特殊的审美秩序，试图唤起历史剧院的形式。太阳、高高的保护围墙和这个古老花园的地面结合在一起，创造了一个最特别的地方。

（Paolo Pejrone from:»Gli orti felici«，I Libri di VilleGiardini，Mondadori 2009）

中央水池与藤架

花园的环形墙面（Circus Heliogabalus）

马克思·利伯曼的花园，柏林，德国

雷金纳德·埃克特（Reinald Eckert），柏林，德国

从柏林万湖（Wannsee）火车站开始，一条卵石街道引导通向一个过去上流社会的世界。走大约一半的路，就会看到一个水边的旧花园，花园的庭院比例匀称，还有一幢一个世纪前的别墅。与通常有着精心呵护花圃的车行道不同的是，人们可以看到一个与道路用栅栏隔开的、种满了果树和蔬菜的厨房花园。一条中心轴线成为建筑外观的唯一焦点，通向主屋，当里面的门打开时，可以直接看到后花园和远处的湖畔。道路两边的退后线，部分被抬起的菩

别墅前的花坛和抬高的菩提树篱

建造任务：艺术家的花园的历史性重建
景观设计：Dipl.-Ing. Reinald Eckert, Freischaffender Landschaftsarchitekt, Babelsberger Straße 51a, 10715 Berlin
项目位置：德国柏林 Colomierstraße 3, 14191
业主：Max-Liebermann-Gesellschaft Berlin e.V., Colomierstraße 3, 14191 Berlin（www.liebermann-villa.de）
设计时间：别墅：Paul Otto Baumgarten，1909 年；花园：Max Liebermann/Alfred Lichtwark, 1909—1910 年
建成时间：2006 年 4 月
占地面积：6700 平方米
材料：墙壁和台阶：砂岩
植物清单（精选）：果蔬园（前花园）：*Malus domestica, Prunus domestica, Ribes rubrum, Ribes uva-crispa, Vitis vinifera, Artemisia drancunculus sativa, Fragaria, Levisticum officinale, Melissa officinalis, Mentha piperita, Origanum vulgare, Rheum rhabarbarum, Salvia officinalis, Thymus citriodorus*；前花园的草本植物镶边——多年生草本植物：*Achillea ptarmica, Alchemilla mollis, Althaea officinalis*'Plena Purpurea', *Aster amellus*'Rudolph Goethe', *Bergenia cordifolia, Gaillardia x Burgunder, Hesperis matronalis*；夏花和球茎植物：*Ageratum houstonianum, Anthurium majus, Cleome spinosa, Cosmos bipinnatus, Dahlia x Thomas Alva Edison, Rudbeckia hirta, Salvia farinacea, Tagetes erecta, Tithonia rotundifolia, Zinnia elegans*；春花和球茎植物：*Bellis perennis, Cheiranthus cheiri, Fritillaria imperialis, Myosotis sylvatica, Tulipa* in different sorts, *Viola cornuta, Viola wittrockiana*
保护顾问：Dr. Ing. Klaus von Krosigk, Dipl.-Ing. Wolf-Borwin Wendlandt, Dipl.-Ing. Gesine Sturm, Landesdenkmalamt Berlin-Referat Gartendenkmalpflege, Dr. Angelika Kaltenbach, Untere Denkmalschutzbehörde Steglitz-Zehlendorf
建筑规划：Nedelykov-Moreira Architekten, Dipl.-Ing. Nina Nedelykov, Dipl.-Ing. Pedro Moreira, Belziger Straße 25, 10823 Berlin
造价：75 万欧元

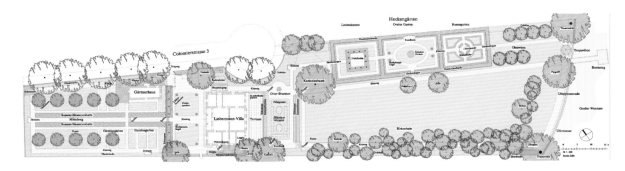

越过花坛看绿篱花园
总平面图

提树绿篱遮盖，用灰泥围成的矩形建筑和它的四坡屋顶，把这个上下高差达200多米的场地划分成两个匀称的部分。

与其高雅的环境相比，夏天居住在别墅里的令人尊敬的德国印象派画家马克思·利伯曼（Max Liebermann）却试图证明它的简洁。入口位于一侧，可以通过北侧的小路到达。游客在穿过一个有格子的大门后，就来到了一个宽敞的、有两条草坪的前院。道路被靠近园丁小屋的房子和抬起的菩提树绿篱隐藏起来，绿篱围合了一处与房子平行的、充满色彩活力的草本植物园。房子的正立面面向湖畔，把这个优美的天然迎宾区纳入别墅中，创造了一个令人印象深刻的户外入口。 一个自然内嵌式凉廊与它的两个标志性的柱子，被拉出与建筑沿街正立面同样的高度。凉廊和别墅宽大的法式窗户，把如画的景观带进室内。然而，主入口却是在建筑狭窄的一侧。行走并穿过这些地方，人们会发现自己来到了一个完全没有植物的平台。在这里，宽阔的湖景代替了通常的植物景观，并将视线直接引向湖岸，通过把场地朝湖面打开就会强化这种效果。第二个花台，比前一个低一点，用五颜六色的花镶嵌边界，使其更加引人注目，在它的狭窄的侧边，设置了一个奥古斯特·戈尔（August Gaul）的鱼水獭喷泉和一个亭子。这些，连同那些大草坪边界的花草，柔化了水的影响。面向水面左边的直线路径，被随机种植的白桦树林所打断。这个区域的白色树干和那些浅绿色的、在秋天变成淡黄色的叶子，连同那些郁郁葱葱的草和米色的路径一起展现出生机勃勃的氛围。相比之下，对

玫瑰花园
桦树林的秋色

园丁小屋前面的多年生草本花园
草本植物园和蔬菜园

面是经过精心修剪的、规则的花园。北面的长边以围墙为界，并且衬以精心修剪的绿篱。在它的中心是一个圆拱形的入口，其引导着大家去探索绿篱的背后到底是什么。沿着中轴线，人们可以从花园平台的高架台地上看到一连串的 3 个矩形绿篱花园，这些"绿色的房间"是花园的中心装饰品。第一个矩形花园的特征是在花园里种植了 12 棵菩提树，呈正方形栽植，叶子被严格修剪成扁平形状，在广场上形成了一个绿色的树冠群。中间稍长的矩形绿篱花园，用一个椭圆形的草坪来围绕中心花坛，无论是在它的横轴还是纵轴的末端，都设有长椅，并在绿篱上都有开口。最后一个矩形花园被设计为一个玫瑰花园，它十字形的路径布置让人联想起别墅的花园，并且通过在中心设置一些拱形的玫瑰藤架来强调其特征。在场地北面的一处较隐蔽的独立地块，建造了一个面朝湖面的茅草茶亭和果园，强调了花园的边界，现在正是它们妨碍了整个绿篱花园的整修。在岸边向前看，可以看到湖面上发生的事情，而回头看，可以看到一个浅灰色、用灰泥粉刷的朴实、低调的住宅。

当然，游客们可以被吸引到一个与自然连接的系统中。避开过多的装饰、结合视觉轴线、精心设计地形变化，及不同空间之间的矛盾转换，被用来创建一个良好的平衡系统。这种做法把人工的形式与自然的野趣生长之间乍看起来完全对立的风格，相互融合在一起。

马克思·利贝曼与阿尔弗雷德·里奇瓦克（Alfred Lichtwark）经过广泛沟通，规划了花园的基本布局。这位 20 世纪初著名的花园改革者的思想根源，可以追溯到乡村花园的传统艺术形式以及其建构层面。这种在当时非常现代的建筑化花园，更多关注实际的使用功能，而非那些教条的、理想化的自然景观。通过空间映像和丰富细节的相互流动，并以刺激空间之间的连接为基础，达到空间上的微妙平衡可以被看作为衡量景观质量的标准。游客们进入了一个专门为工作而建造的空间结构，在这里既赋予艺术家创作的灵感，并赋予了他的工作室一种精神性。这个在整整 100 年前落成的花园最近得以重建，它所体现的矛盾和碰撞，为原本受人欢迎的图案激发出另一种可能性。就像花园一样，这些设计手段突显了一种表达清晰秩序的愿望。他们的精心设计，再一次创造了一种把丰富的生活乐趣与高尚的人文思想相结合的新景观。（Hans-Peter Schwanke）

别墅墙面上的野生藤蔓

从历史和生态的视角看都市绿化

Urban Green —— Historical and Ecological Perspectives

沃尔夫冈·哈伯（Wolfgang Haber）

　　城市，是现代人的主要栖息地。只有在城市里，人们才能够充分利用其文化的、市政的、社会的和经济技术的发展，以满足新的需求和愿望。然而，住在城市里一个重要的权衡是：城市栖息地已经无法完全满足其居住者对生物学和生态学上的需求，事实上，它不仅会损害他们的身心健康，而且会以不同的方式影响人们的卫生条件。这种人类生态意识一直是百年来人们尝试改造城市的动机，其目的是使城市环境对人类更具有生物耐受性。这也是在城市里进行城市绿地规划的最主要目标和景观设计师的专业范畴。尽管他们与同行都被称为"建筑师"，并且作为他们的同事参与城市和建筑设计及规划，但是，其设计和在一定程度上的"建造"的对象是用活生生的材料，如植物和植被。

　　对这些努力的尝试和成功与否，必须在更大的生态环境下来评价它们。人类作为有着高智商和情感的哺乳动物是独特的，不同于其他动物，我们不仅仅是出于对诸如生存和食物等本能的需要，而是要通过我们的才智使其更加富足，以此确保我们的物种优势。这催生了一个矛盾的目标：我们一直想要控制的自然栖息地，其实是我们生存的基础。随着时间的推移，我们从曾经与自然相对友好的生活方式，如狩猎，转向农业和畜牧业，以定期获得充足的食物。同时，不同于其他生物，我们并不满足仅仅依靠太阳的能量，还需要火力、风能和水力等补充能源，大大增加了其效果。这些"发明"形成了人类文化、文明和技术成就的基础，在多年的努力后，致使出现了一个人造环境，这是对我们的自然栖息地进行干预的结果，我们直到今天才开始意识到其影响。

　　今天的现代人生活在一个人工的、非生物的城市环境里，相应地依赖来自农业和林业的可靠补给供应，至少在发达国家里这些补给是被保证的。越来越多的人意识到，需要恢复城市里失去的自然，并且与自然建立一种新的联系，在一些案例里近似于浪漫主义的色彩。对乡村景观的赞美、景观的美化、景观与自然的保护都来自城市生活的经验。这也是为什么我们要尽一切努力，通过引入"更多的自然"并利用它来改善生态福祉，以使这些人为的和紧迫的城市环境更容易被人们接受。

　　无论是中世纪以环绕的防御工事为特征的城市，还是之后 19 世纪急速扩张时期的城市，最重要的目标是缓解城市里高密度的建筑环境。在城市的闲置土地上，用不同种类和形式的植被来替代以建筑覆盖的方式，被统称为"都市绿化"。最初，这仅仅是作为一种提高城市美学品质的途径；然后涉及改善城市卫生状况和卫生系统；最后，结合两者，作为一种生态的途径来改善整个城市环境状况。运用德国生态学家赫伯特·苏克（Herbert Sukopp）发明的衡量城市生态开发的方法，可以精确比较和描述不同城市区域，从而决定哪些区域可以通过技术的手段或规划和设计的方法，进行改善。

　　在城市中，最关键的是气候、空气和供水。密集的大城市群在夏季吸收更多的太阳辐射，把城市变成一个温暖的口袋，其平均温度比周围高 1.2℃。城市热气、干燥和快速的蒸发，以及增加的雷电概率会影响我们的健康指数。紧密排列的高层建筑作为风的屏障，会阻碍城市里高温的扩散和空气流通。城市里有毒气体排放的浓度较高，无论是气态的还是颗粒状的，当它们不能通过技术手段进行完全阻隔时，空气流通就特别重要，例如来自交通、家庭供热系统和很多工业燃烧过程产生的碳和氮氧化物的排放。在不利的天气条件下，随着海拔的升高，逐渐降低的温度梯度可能逆转（所谓的逆温），并阻止新鲜空气的垂直交换，引起排放物集中，污染我们呼吸的空气，而且当风平静时，会导致烟雾的形成。同样令人困扰的还有在高楼群之间的狭长谷地形成的风道和加速的风。城市道路及路面的大范围硬化，降低了雨水渗透并自然分散的能力，从而大大增加了雨水的排放量，在大雨和长时间的降雨后，下水道将不再能够负担，从而引起街道和地下室被水淹。

　　通过在城市里提供适当的开放空间和城市绿地，并经过良好的设计，使它们与城市结构的生态和地形条件有效地结合起来，上文提到的这些问题就可以避免或减少。第一次在城市里采用大型公园的形式设计绿地，是受到 18 世纪英国风景园林的启发。最初，这一举措是出于对艺术和审美的关注，并只限于在城堡和乡村庄园周围的土地上运用。在德国，这个想法最初是由贵族阶级和统治王朝运用在沃里兹（Wörlitz）和穆斯考（Muskau）公园、在慕尼黑的英式花园或者在波茨坦的文化公园景观中。然而，它们的创造者彼得·约瑟夫·林内（Peter Joseph Lenné）还是第一个在城市里规划公共公园的设计师，该公园是 1824 年由马格德堡市（Magdeburg）委托的公共工程。1854 年，奥姆斯特德通过对纽约中央公园的设计，制定了一套城市公园的持久标准，其中也提供了休闲和娱乐活动空间。在欧洲，由于仅有的开放空间是公寓的庭院，于是出现了一个完全不同的方法，以回应 19 世纪后半期快速的城市扩张：1898 年由英国的霍华德（Howard）提出的花园城市运动。这同样也启发了德国的居住区，例如，德累斯顿（Dresden-Hellerau）和埃森格利特霍厄（Essen-Margaretenhöhe）的花园城市。

当时，以生态作为规划和城市绿地设计的基础是未知的，其第一次被广泛普及始于 20 世纪 60 年代早期。人们对长期存活的树进行了专门的考察。树能够通过光合作用吸收二氧化碳并释放氧气，从而改善空气质量，这也解释了"绿肺"这一术语。反过来，它们吸收太阳的能量，有助于在夏季降低温度，这一降温效果通过叶面的能源密集型蒸腾过程得以加强（每年每平方米 300-450 升的水，降温 6-8℃）。同样，树冠形成的树荫能够冷却和减少最高 50% 的耀眼的亮度。茂密的枝叶和强大的叶状结构（如橡树或椴树）能有效减少城市噪声和过滤空气中的灰尘和污染物，从而产生一个更干净和更清洁的空气质量（没有树木的城市街道要比林荫大道的灰尘多 3-4 倍），以帮助减少夏季集聚在城市里的薄霾。然而，城市中的树木也同样会受到大气污染的伤害，其进一步说明了通过技术手段减少污染源的重要性。由于城市里空间和土壤条件的限制，街道的种植需要特别耐活的树种，如英国橡树、椴树、胡桃树、银杏或者刺槐。在城市景观中，尽管树是重要和受欢迎的，但也不适合无处不在，例如，秋天的树叶是一个屏障，阻碍了来自周围乡村绿化带和林地带来的新鲜空气，而这些对于城市气候来说是至关重要的。

城市空间中的绿色元素不仅是单一的树，也不只是公众可以进入的公园、开放空间和休闲娱乐区，它们还包括各种尺度的私人花园。树木积极的生态效应（吸收二氧化碳、释放氧气、蒸腾降温效应、过滤空气污染物）也同样可以由灌木丛、灌木、草本植物、草和草坪，在较小的程度上提供。城市绿地还有其特有的生态价值，它们可以防止土地被用于建设或者长期封盖，以确保自然土壤的长期存在，从而满足诸如腐殖质的形成、二氧化碳的存储、耗散降水和地下水富集的基本功能。而土地使用状况的含糊表达不能准确反映它的实际情况：土地本身一直存在，无论是已被使用，还是已经被破坏了很长一段时间；土地是天然的土壤，人们既不能替换它也不能人工制造它。当一片区域被指定为建设用地，首要的是要弄清有多少土壤量会受到建设行为的影响，有多少可以保留为绿化空间，并进行设计。所有的城市绿地，尤其是树木，都在通过吸收温室气体二氧化碳来对抗气候变化，这就需要土壤腐殖质和树木长期地进行光合作用。据统计，在美国，城市绿地能够吸收 26 亿吨二氧化碳；仅在莱比锡，每公顷城市绿地就能够吸收 33.8 吨的二氧化碳。

最后，无论什么形式的城市绿地，最重要的是使其尽可能包含和恢复自然的多样性。由于集约农业，目前存在于开放空间的许多种类的植物、动物、真菌和微生物在逐渐减少，城市绿地为它们提供了新的或者可替代的栖息地，可以是动植物自己开拓适宜的栖息地，或者是鼓励动植物在此定居（如通过给动植物筑巢或者喂养等），还可以是人工引入。在不排斥外来动植物的地区，也可以引入常被栽种在城市中的外来装饰性植物、灌木和树。以上这些都带来了生物的多样性，不仅提供了有吸引力的自然景观，而且有助于提高城市中的自然生态价值。

城市绿地的功能和形式是城市的产物，它不会孤立存在。出于这个原因，它必须有意识地融入城市规划中，而不是被简单地塞进闲置的剩余地块中。理想的情况下，必须建立一个城市绿地系统，规划一系列相互串联的绿地和开放空间，同时与周围的环境相连。第一个这样的案例是在 1892 年，建于美国的波士顿。城市绿地尽管是人工的，但对城市居民来说它代表着"自然的缩影"，相对于死气沉沉、静态的石头、混凝土、玻璃、沥青和塑料，它是一个活的、动态的，主导着城市的其余部分。

公共庭院，多德雷赫特，荷兰

Michael van Gessel 事务所，阿姆斯特丹，荷兰

  荷兰，一直以来就是平坦的国家，没有山，荷兰修道院一直是城市肌理的一部分。位于多德雷赫特（ Dordrecht ）的奥古斯丁女修道院建于 1275 年，靠近 Klovostertuin（ 修道院花园 ）。1572 年，就是在这所修道院里，联合省宣布独立。1618—1619 年，在同样的房间内，一群新教徒在这里举行会议决定翻译圣经，同时奠定了荷兰的宗教信仰和语言。因此，这里的一些历史古迹被保留下来。多年来，在宗教建筑群中间的庭院成为市中心的后花园。由于过度使用和忽视管理，Kloostertuin 几乎荒废，其值得被赋予新的生命和特征，以与周围的环境相连并凸显出来。对多德雷赫特来说，其典型的公共空间是由拱门相连，以增加城市内部的亲密性。

全景图

建造任务： 重建公共庭院

景观设计： Michael van Gessel，Bloemgracht 40，1015 TK Amsterdam（www.michaelvangessel.com）

项目位置： 荷兰多德雷赫特 Kloostertuin，zwischen Hofstraat und Augustijnenkamp

业主： 荷兰多德雷赫特市政府

设计时间： 2006 年

建成时间： 2008 年

占地面积： 4100 平方米

材料和植被： 砖、耐候钢、天然青石

植物清单： 草、球茎、灌木和小乔木种植在修道院花园的边缘，与房子的后花园相邻：*Ailanthus altissima*，*Amelanchier canadensis*，*Crataegus monogyna*，*Cornus kousa 'Milky Way'*，*Magnolia soulangeana*，*Prunus sargentii 'Charles Sargent'*，*Sophora japonica*

造价： 190 万欧元

石材坐凳的设计
总平面图

方向

场地周围建筑限定的两条发散形的线，被转化为中间抬起草坪的轮廓。耐候钢的笔直边界，紧紧抓牢土坡，以保护草坪不被人和动物踩踏。草坪太高不适宜行走，但适合从各个方向路过的人就座休息。

裂纹线

整个场地被撕成两半，膝盖高的矩形草坪借鉴了古代修道院的花园。两棵纪念性的大树——一棵梧桐树和一个枫树，填补了裂缝，提供遮阴和庇护。中间的小路与两边的胡同相连接。它的边界向场地发出邀请。

石凳

一个传统的公园长椅，当它空着的时候，是一个孤独的物体。在这里，石板以闪电状的形式创造出不同的角度，并贯穿整个被分割的草坪区域。无论是相邻而坐，还是相对而坐，都因舒适的距离而成为很好的选择。从早春到夏季，开花的球形植物为景色增添了色彩。

灌木丛

在抬升的草坪之间，一条小路把城市小巷与私家庭院的入口相连。灌木丛形成了一道分隔的屏障，把私家花园的尺度转化为公共区域。历史古迹时刻提醒着人们多德雷赫特的历史时刻。（Friso Broeksma）

石材坐凳与草坪
处于半阴影中的绿地折线

半阴影中的草坪
全景图

野趣花园，东京宫，巴黎，法国

Atelier le Balto 事务所，柏林，德国

任务：一项富有挑战性的工作

委托给我们的任务是改造一个环境非常恶劣的地方：这里既没有阳光，也没有光线，还没有土壤和水。这是一个幽深的、狭窄的、挤在四面墙之间的朝北的场地，名为"狼跃"（the leap of the wolf）。我们想把它改造成一个花园，也就是说，一个随着四季和岁月变化而改变的、富有生机的空间。

植被：生长的植被

在 2002 年 1 月大规模种植的遮阴多年生植物和阔叶树（大约 60 多种），直到今天仍然

在木栈道的尽头

建造任务：博物馆花园

景观设计：Atelier Le Balto，Auguststr. 69，10117 Berlin

项目位置：法国巴黎 Palais de Tokyo，13 Avenue du Président Wilson，75116

业主：巴黎东京宫（在法国文化和信息部的国家公共委员会领导下）/Plastic Arts Delegation

设计时间：2001—2002 年

建成时间：2002 年 6 月

占地面积：800 平方米

材料和植被：材料：松木板、锻铁格栅、不锈钢缆绳、自动喷水灭火系统；植被：150 种耐阴植被

植物清单：150 种耐阴植被，包括玉簪属、蜂斗菜属、苔草属、凤仙花属、绣球花属、蓼属、臭椿属、棕榈属、椒木属、紫藤属、爬山虎属、葡萄属、攀缘蔷薇、啤酒花（*Humulus lupulus*）、番薯属

造价：10 万欧元

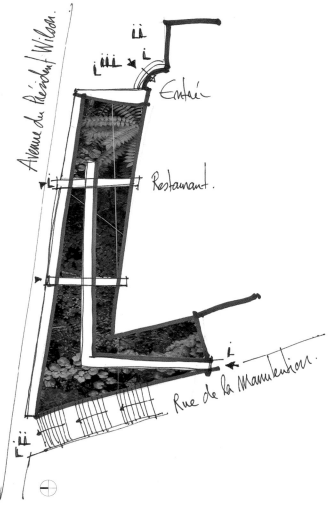

重新设计之前的场地现状
总平面设计图

能在冬天和夏天呈现出完全不同的氛围。在冬天，多年生植物消失在地下，来年再度出现时，长得更大更多；每年秋天和春天展示了自然的变化。有时，一个新品种出现，而另一种消失。在 2008 年，花园经历了地下管网建设的重大改造过程，使我们重新改造了花园的入口空间，并且增加了一些新的植物品种：巨大的凤仙花（Impatiens glandulifera）、一些蓼属植物（Polygonum aubertii）、啤酒花（Humulus lupulus），和一些番薯属植物（Ipomoea），它们沿着装在巴黎地铁墙上的金属绳攀缘生长。

　　同时，中国棕榈树（Trachycarpus fortunei）是冬季唯一充满活力的品种，被很顺利的添加进去；日本匍匐植物爬山虎（Parthenocissus tricuspidata），在地下管网施工期间受损严重，现在像紫藤（Wisteria sinensis）一样，重新生长。臭椿树继续向天空延伸，已经接近可以鸟瞰项目的人行天桥。

场地位置：先前隐藏在视野之外的区域

　　当这个建筑在 2000—2001 年被翻新改造成一个当代艺术中心时，Lacaton & Vassal architects 事务所安装了这些人行天桥。人行桥提供了与东京宫（Palais de Tokyo）里的餐厅直接对接的端口，对路过的人们来说，它打开了一片新视野。"狼的跳跃"创造了必要的距离，使人们忘记了街道水平面和塞纳河之间约 15 米的高度差异。它构成了一幅错视画，把建筑的基座与别致的威尔逊总统大道（Avenue du Président Wilson）连接在一起。

　　在这个所谓的地面层的下方，其实有两层楼高的石头镶面得以保存。因此在"狼的跳跃"，砖是可见的，技术设备和空气砖分别安装在这些地下室。

场地印象

野趣花园内景

花园长廊

今天，当游客进入这个野趣花园（Wild Garden）时，已经忘记了所在的具体位置，他们小心翼翼地在这个木平台上一步一步地走着。他们从街上快步走来，然后缓慢地走在这个灌木丛中的步道上。他们忘记了自己要去哪里，只是继续走，抬眼看攀缘的爬藤和臭椿树的树冠，感觉自己好像从多年生草本植物上方飞过。

园艺

园丁保持了花园野趣的外表。虽然很少有人见到他，但他会定期去野趣花园。在那里，他常常一待就是几个小时；有时是一整天，他会着手培育一些新的植物品种或者对生长过于茂盛的植被进行一些修剪。要经过仔细的观察后，他才会决定是否采取行动：柔和、修剪、连根拔起、种植、施肥、浇水，护根，然后让它自由生长……供人观赏。

例如，在 2009 年春天，他看到花园里长出了中国女贞（Chinese privet）。近距离仔细检查后，发现它们可能来自通往 Manutention 大街的楼梯边的苗圃，这是一个很难维护的地块。来自巴黎市的园丁可能很早以前种下了它们，然后每年进行修剪维护，最终使它们可以自由攀爬。有一天它们开花了，并随风散播种子，野趣花园的土壤接受了它们，帮助它们生长。野趣花园的园丁让这些中国女贞留了下来。

因此，植被在这里生长，努力让自己越来越茂盛，然后成林。木本植物在整个园子中自然生长，而非木本植物——草本植物层也在顽强地生存，它们之间相互斗争，有时也会一起对抗木本植物。园丁辛勤地维护它们，帮助它们更好地展现美丽。

木平台没有受到植物生长运动的影响，仍然为游客提供了一个舒适、安静的地方去观察和闲逛。有时，游客可以看到浓密的树叶下园丁工作的身影，这个名叫马克·瓦蒂内尔（Marc Vatinel）的园丁（Atelier Le Balto）受雇于东京宫，自从这里开始改造，他经历了花园里所有的种植和维护过程。园艺，是一项综合了体力劳动和脑力劳动的工作。（Atelier Le Balto）

攀缘种植墙
位于植物之间的木栈道

文化花园，柏林，德国

Atelier le Balto 事务所，柏林，德国

基地：即贫瘠又富饶

　　设计的基地原来是一个校园的运动场，自从校园改造成为文化中心后，这里就一直作为一个简易停车场。在 2006—2007 年间，有幸得到一笔经费用来改造这个建筑，我们接受委托把这个半公共庭院改造成一个花园。业主的唯一要求是"最大限度的绿化"，好像这个单一的生态标准能够控制整个项目。然而，围绕和限定这个空间的建筑建于 19 世纪晚期：一侧是 Saint Edwige 医院，有门诊楼和办公楼；另一侧是以前的学校。总之，基地周围有 6 幢建筑，不同色调的砖和装饰风格反映了不同的年代特征。庭院空间本身被砖墙围合，入口在八月街（Auguststraße）上，穿过一个人人都可以到达的游廊就可以进入庭院。因此，我们想抓住机会，

新种植的庭院花园

建造任务：城市庭院花园

景观设计：Atelier Le Balto，Auguststraße 69，10117 Berlin

项目位置：德国柏林 Courtyard of the Kulturhaus Berlin-Mitte

业　主：District Office Berlin-Mitte，Town Planning Department/Roads，Parks and Gardens Department，funded by the »Urban Conservation Programme«

设计时间：2006—2007 年

建成时间：2008 年 2 月

占地面积：1200 平方米

材料：落叶松木板、橡木档（龙骨）、水泥路面、沥青

植物清单：草　坪：*Salix rosmarinifolia*，*Tamarix parviflora*，*Rosa pimpinellifolia*，*Rosa hugonis*，*Rosa 'Opalia'*，*Buddleia davidii*，*Perovskia atriplicifolia 'Blue Spire'*，*Artemisia arborescens 'Powis Castle'* or *'Stelleriana'*，*Lavendula angustifolia*，*Glechoma hederacea*，*Galium odoratum*，*Duchesnea indica*，*Asarum europaeum*，*Vitis vinifera*

造价：10 万欧元

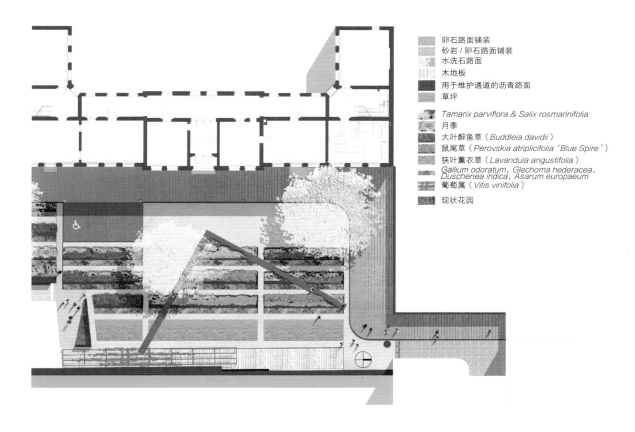

图例：
- 卵石路面铺装
- 砂岩/卵石路面铺装
- 水洗石路面
- 木地板
- 用于维护通道的沥青路面
- 草坪
- *Tamarix parviflora* & *Salix rosmarinifolia*
- 月季
- 大叶醉鱼草（*Buddleia davidii*）
- 鼠尾草（*Perovskia atriplicifolia 'Blue Spire'*）
- 狭叶薰衣草（*Lavandula angustifolia*）
- *Gallium odoratum, Glechoma hederacea, Duschenea indica, Asarum europaeum*
- 葡萄属（*Vitis vinifolia*）
- 现状花园

平面图

去做一个不仅仅是满足绿化要求的花园，而是给柏林的市民和游客提供一个可以体验现代园林艺术的地方。

设计与施工场地

2007 年 11 月底，沿着庭院长边的三块结构顶板被打开。我们小心地移开具有柏林校园特色的混凝土板，它们已经失去了原来柔和的蓝色、黄色和粉红色。因此，我们制造了 3 个种植槽（40 米长，3 米宽），把买来的种植土与柏林本地的沙土填进种植槽，用一个宽宽的斜坡来塑造等高线。

我们在整个庭院的地表面制造了一个缓坡，使雨水能够浇灌到每排植物。并用夯实的土壤覆盖住斜坡，使其与水接触后变硬，但仍然保持柔软的脚感。

一条唯一的路径打破了横平竖直的设计：路的表面材质是沥青，为游客提供了一个进入建筑的便捷通道。平滑的路面在雨中显得更加亮黑，当太阳出来时，它变成炭灰色，成为绿色的叶子和深黑色阴影的理想背景。

沿着庭院的长边，我们布置了一块草坪和一个木平台，加强了严谨的横平竖直的骨架。庭院中散落着一些古老的校园遗迹：过去支撑钢屋顶的管状结构被刷成红色，两股藤干被改为一个藤架。在后面，一个混凝土石头墙上标记了 Neues Problem 画廊的入口。在墙角和画廊的周围，我们保留了原来的土壤和植被，包括灌浇混凝土，及粉红色、蓝色和黄色的混凝土板，还有紫杉（*Taxus baccata*）和枫树（*Acer pseudoplatanus*）。

新的和原有的植被

这个庭院的一个显著事实是：可以追溯到老校园时期的一颗梧桐树和一颗椴树，尽管它

重新设计之前的庭院
重新设计和种植

文化花园全景

们经历了爆炸和风暴，但仍然幸存下来。它们是这块场地的唯一主人。一排排新种植的植被沿着它们的树干布置。

在新设计的 3 个花槽中，我们种植了蝴蝶灌木、迷迭香叶柳（*Salix rosmarinifolia*）、撑柳、普罗草属植物（perovskias），熏衣草和玫瑰花。这些密集种植的地被，不仅挤满了花槽，有时相互重叠、相互纠缠，迅速柔和了原本严谨的横平竖直的骨架。

这些蓝色、绿色、旧色、紫色和白色等不同颜色的叶子和花，与周围红色、紫色和橙色的砖墙形成了对话。地被在预留的第一排空间里生长、延伸，并逐渐开始覆盖周围相邻的横排空间，接着占领了上层植被的下部空间。香气随着季节改变：香车叶草（*Galium odoratum*）、普罗草属植物（perovskias）、薰衣草。有着更加微妙气味的蝴蝶灌木会吸引更多蝴蝶。

园艺和园丁

幸运的是，负责花园维护工作的是文化中心的技师，有时是公共画廊的管理者，他们都在这座建筑里办公。由于他们的辛勤努力（修剪和浇灌），草坪在夏季保持绿色；在秋天，梧桐树落叶被收集起来，用作堆肥的原料。

除了这两项日常工作以外，我们负责花园的日常维护工作，以确保花园生长成为我们希望的样子。只有当枝条阻碍道路行走时，我们才从底部切断去除；只有对植物构成威胁的杂草，才会被连根拔起。我们让葡萄树沿着管状构架攀缘生长，红的枝条和白的葡萄是我们的收获。我们每年栽植柳树和蝴蝶灌木，随着它们的生长，对每株都精心修剪或者进行矮林作业（coppicing）。这些后期的园艺维护是我们工作的一部分。

参观者：柏林市民和游客

源源不断的游客来参观文化花园（Kulturgarten）。它吸引了从八月街上路过的行人，文化中心的使用者每天或每周都会来这里，附近的上班族来这里午休，附近的居民穿过它去对面街区的医院和街道。在夏天，花园里举行各种会议、读书会、音乐会和戏剧表演。在这个越来越密集和繁忙的街区里，它显得那么温和而又宁静。（Atelier Le Balto）

路径设计细部

城市里的历史花园——对历史园林保护的一个请求

Historical Gardens in the City
A Plea for the Conservation of Historic Gardens

尹肯·福尔曼（Inken Formann）

除了当代景观场地，历史公园和花园构成了城市内部结构的重要空间。这些空间不仅包括城堡和居住区内的花园和公园、贵族的庄园，还包括城墙、城市广场、乡村绿地、教堂庭院、公共墓地、城市林地和市政公园，以及私人别墅或者历史建筑里的花园。同样，俱乐部里的花园、休闲公园、景观运动场地和展览公园、温泉花园、寺观园林、园艺和植物园、葡萄庄园都是城市中历史花园的实例。

哪个花园可以被认定为历史花园，并没有一个特定的时间限制。然而，一旦一处花园被认定为文化遗迹，就会受到法律保护。因此，该场地必须给出其存在早期生活的实例，以说明维护该文化遗产具有充足的公共意义，例如艺术或历史的原因。

如果你问任何一个孩子，他们马上就可以指出在一个花园里什么是年代最老的：那些有着粗壮树干的树，树冠巨大，结实、多节的树杈上还留着旧切口的伤疤，这些都能直接显示出年代的久远，以及一个花园的衰老过程。但是，即使没有成熟的树木，也能区分出历史花园和当代景观，比如，从它们的规则式布局来看，或者从其元素和功能是否具有当今的特征来看。然而，只有通过不断的养护，尽可能地保持和维护它们原有的条件和材料的真实性，以及它们的元素和设计原理，历史花园才能持续展示出其历史的痕迹，而不仅仅是历史光环。

即使它们看上去显得没那么老或者与"平常的"城市绿地并没有很大的差异，但历史性

历史花园不仅包括城堡里或庄园内的巴洛克式园林和花园，还包括 20 世纪的花园。图为德国多特蒙德的威斯特法伦公园（Westfalenpark）内前国家园艺展（BUGA）的场地

的城市绿地常常因它们特殊的位置和规模，而从其他开放空间中脱颖而出。许多历史花园和公共空间占据了高密度的城市环境的中心位置，并且对邻近街区的生活品质相对重要。一些花园最初位于城市的外围，随着城市在它们周围扩张而成为城市内部空间。例如，在汉诺威（Hanover）海伦荷萨皇家花园（Royal Herrenhausen Gardens）里的 Grosser 花园，最初就位于距市中心两公里的地方，随着雷利奥（Leineaue）地区郊区住宅的建设和城市的扩张，其逐渐融入城市肌理中。同样，巴黎的拉雪兹神父公墓（Père Lachaise），或者维也纳的普拉特公园（Prater，欧洲历史上第一个公共公园，也可能是欧洲最古老的露天游乐场），也都是一样逐渐地融入城市。其他绿色空间，如在 18 世纪 70 年代建设的围绕莱比锡的环形散步道，是专门为城市而设置的休闲区域，源于拆除莱比锡老的城市防御工事后清理城市的结果。现在，这类位于市中心的绿地代表着城市中宝贵的开放空间和休闲区域，但是它们常常处于危险的境况，成为土地使用权益竞争的一个潜在牺牲品。

许多花园原来是贵族的私人庭园。其他的从一开始就为满足公共、社会需求而建造，如在 18 世纪末的慕尼黑由弗里德里希·路德维希·斯开尔（Friedrich Ludwig von Sckell，1750—1823 年）设计的英式园林，就是为了满足大众闲暇时的休闲娱乐需求，现在该公园面积已达 420 公顷。又如位于柏林市中心的蒂尔加藤公园（Tiergarten），其既是城市结构的重要组成部分，同时又作为一处都市休闲区，成为不可磨灭的城市景观。柏林的蒂尔加藤公园最初设计为一个狩猎场，服务于勃兰登堡的选举人（Elector of Brandenburg）。从 1742 年开始改造成一个巴洛克式休闲公园,后来在 1832—1840 年的威廉三世时期,彼得·约瑟夫·林内（Peter Joseph Lenné，1789—1866 年）将它改造成一个为柏林市民享用的景观公园。

不来梅市区 200 公顷的 Bürgerpark 公园可以作为公共公园的一个例子，这个建于 1865 年的公园归功于对市民的承诺。如果没有这样的空间，包括大型绿地，诸如伦敦的海德公园、

纽约的中央公园，或是巴黎的布洛涅森林公园（Bois de Boulogne）和文森森林公园（Bois de Vincennes），以及众多的小型历史公园，许多城市将缺乏市中心绿色空间。

像所有的花园、公园、林地、大街和绿色开放空间一样，历史花园对城市及其市民的身体、心理、气候和健康有不可替代的作用。作为灰尘的过滤器和新鲜空气的廊道，它们成为城市和大都市区的"绿肺"。它们不仅为人们、动物和植物提供了栖息地，而且还作为人们交流和修养的场所。因此，它们是保证城市生活品质的一个重要因素。

除了这些所有绿地共有的特性外，历史花园还有其他益处。作为经过艺术创造的空间，它们记录了过去时代的园艺品味和一个城市或区域的历史。它们可以塑造一个区域的自身特征。古堡、教堂和乡村房屋等历史建筑的花园成为城市文化中独特和重要的组成部分。和它们与生俱来的、无形的文化价值相比，它们还展现出良好的经济效益，作为旅游景点，它们直接和间接地创造了就业机会。

作为过去文化成就的产物，历史花园不仅体现了时间的线索和历史的发展，还证明了对自然的欣赏和过去时代的经济、社会状况，同时也表明了园林设计与技术如同时代的园艺与手工技术一样丰富。在历史花园中，人们可以看到稀有的珍贵植物和不同的植被品种，这些植物在其他地方已不再种植。历史花园表达了当时的理念和理想，阐述了当时人们对进步和现代的理解。因此，在历史花园中，历史是有形的，可以被人所有的感官体验到。在历史花园里，人们可以沉浸在过去的世界里，成熟的树木、园林景观以及建筑都能让人感到仿佛回到过去。这种与当前忙忙碌碌的日常之间的临界距离，是愉快的和鼓舞人心的。历史花园象征着长久，在这个不断变化的世界里，它是空间与心灵的庇护所；它是一处宁静的避风港，让人们可以把日常的烦乱抛诸脑后。我们需要用历史花园的长久来培养一种地方认同感。历史花园的所有特质都是免费的，面向社会各阶层开放，让大家共享。

作为旅游景点的历史花园。图为德国波茨坦无忧宫内中国茶馆前成群的游客

如果某个历史花园的设计手法是独一无二的，或者是此类花园中最后一个现存的案例时，这个历史花园就会被认定为文化遗迹。因为受到自然周期不断变化的影响，花园植被的生长和消亡随着四季的改变而改变，所以，历史花园的保护需要持续的养护、维护，以保证其所有组成部分能够再生。草坪需要修剪，园路在大风天或者天气恶劣的冬季后需要维护，当林木快要死亡时需要补种新的植被。如果采用不合理的方法来补种树木或更新材料，那么很多历史花园现在只会是地面遗迹。

为了维护和保存这些由手工制作和创造的作品，花园的保护包括各种知识性的、技术性的、艺术性的和死亡的措施。这些措施之间的分工是不固定的，从纯粹的保护到管理，以及使其成长成熟，都需要定期的养护，诸如草坪的修剪和林地的修复，对历史遗迹的更新和修补。后者的范围小到重新补种绿篱，大到重建花园的一个部分，甚至是对已经面目全非的花园全部进行重建，比如已经没有任何现存的遗迹，只能依据文字或图像的记录，以及对花园的研究成果来复原。重建被归为新创作，并不被视为遗产保护，尽管随着时间的推移它们可能获得被保护的价值。

即使历史花园受到全面的法律保护，保护措施的实际效果和具体实施还是迫切需要解决的问题。法律为所有者设定了保护文化遗产的责任。所有者有义务对文化古迹进行应有的照顾，保护它不受损害，在合理的预期范围内对其进行适当的维护，简言之，确保它的整体状况不再恶化。

在德国，随着 1926 年的收归补偿法的实施，历史花园和公园从贵族所有转变为国家所有，并由城堡管理组织或委托类似的基金会进行管理。其中包括很多重要的国家地标，诸如波茨坦公园（Potsdam's Park Landscape），包括无忧宫（Sanssouci）、Klein-Glienicke和巴贝斯城堡（Babelsberg），还有沃利茨（Wörlitzer Parks）、布拉尼茨平克勒公园

德国巴特洪堡城堡花园（Bad Homburg Castle Gardens）里的雪松，种植于 1822 年，它见证了花园的历史

（Fürst-Pückler-Parks Branitz）和巴特穆斯考（Bad Muskau），以及在慕尼黑、宁芬堡
（Nymphenburg）和黑森州（State of Hesse）的英式花园，在威斯巴登（Wilhelmsbad）
的国家公园，在达姆施塔特（Darmstadt）的格奥尔亲王花园（Prinz-Georg-Garten）及在
卡塞尔市（Kassel）的卡哨尔公园（Karlsaue）。所有这些历史花园都享受着高标准的维护
和专业的保养。然而，大多数历史花园都是私有的，或者是由当地的市政公园和园林管理部
门维护。在这种情况下，国家文物保护局（State Authority for the Conservation of Historic
Monuments）负责这些文化遗迹的保护和专业维护。

　　对历史花园的保护不仅仅是为了保持植被和草木的健康，还是为了确保承载着珍贵遗迹
的空间形式和自然演替，纵然历经岁月，其历史痕迹仍依稀可辨。因此，历史花园维护需要
专业人员，理想的人选是对其维护的场地有长期体验的人。然而，在很多案例里，由于缺乏
资金和适合的专业人员，致使无法履行法定的养护义务，因此很多历史花园陷入年久失修和
被忽视的境地。缺乏必要的维护所带来的后果常常是致命的：不仅是历史遗迹无法挽回地消
失，而且从长远来看，其后续的花费也比较高。当使用者很快注意到忽视维护的负面效应，
这反过来可能引起更大的故意破坏。同时，花园的形象和恢复的效果也都会相应受损。

　　经过良好维护的、有代表性的历史花园的知名度及其在旅游业方面显著的经济效益，使
人们开始恢复一些不再存在的花园。事实上，近年来，有足够财政支持的地方已经出现了

历史花园作为城市内的休闲区域。图为德国汉诺威海伦荷萨皇家花园中的地理花园（Georgengarten）

一些重建项目，例如在胡恩德斯堡（Hundisburg）的巴罗克花园和戈托夫城堡（Gottorf Castle）花园。建造这种风格的花园的正当性一直是讨论的主题，例如梅塞堡宫（Meseberg Palace）的新巴洛克风格的花圃，这里被用来作为德国联邦政府客人的居住地。重建不能免除对历史花园的保护义务，这种保护的目标是保存幸存的有历史意义的物质实体。有一个问题是，在恢复之前形态的过程中，那些预先存在的部分经常出于创造一个连贯主题的考虑而被破坏，尽管其同样证明了花园的历史。这种破坏会抹掉场地上某一段历史时期的所有痕迹。究竟花园中的哪一段历史有助于当代对花园的解读，这种决定却是开放性的。德国统一后不久，普遍的共识是拆除穿过格利尼克桥公园（Glienicke Park）的部分柏林墙；今天，有些人觉得应该在合并后的公园里设立一个纪念物，用一致的布局手法，提醒人们那段曾经割裂公园长达 40 年时间的历史。对重建的进一步批判是，重建总是代表着一种对目前可利用资

德国汉诺威海伦荷萨皇家花园中的巴洛克式花圃

源的解读；而且总是很难清晰地区分重建在多大程度上接近以前的实际情况，在多大程度上受到对历史上的花园设计进行类比推理的负面影响而造成对相似形式的复制，又在多大程度上加入了建造者新创意。无可争辩的是，重建永远只能是创造一个过去状态的相似物。

　　例如在汉诺威的海伦荷萨皇家花园（The Royal Gardens of Herrenhausen）里的大花园（Grosser Garten），或者在布鲁尔（Brühl）的奥古斯图斯堡（Augustusburg）的花圃，都在第二次世界大战后被摧毁，然而，它们都显示出过去的重建对花园文化遗产的幸存是多么的重要。在 20 世纪上半叶，如果没有对这些早期花园进行重建，众多的花园就不会存活，也可能已经被改建。在德国，对历史花园的大规模破坏是由于战争的原因，幸运的是人们不期望这种事情再发生。然而，对于花园维护的减少或者完全忽视，会导致花园迅速杂草丛生并相应地形象受损，当花园"被重新发现"时，一些草木已经循环生长了几轮。此时需要做什么来复兴花园，或者如何重新设计已经被改建或者荒废了的花园呢？除了重建，当代新的设计，作为一种替代性的设计方法，填补了现状城市肌理的差异，与历史遗产有明显的区别。这样的新设计可能使自身被载入史册，但其必须与我们时代的历史遗产紧密的结合。这种方法的例子包括，在汉诺威的海伦荷萨皇家花园（The Royal Gardens of Herrenhausen）里

不间断地进行种植是历史花园维护的一个基本做法。图为在德国的皮尔尼茨城堡花园（Pillnitz Castle Gardens）种植一年生花圃

的大花园，在巴德马斯考（Bad Muskau）的 Puckler-Park 里的新的一年生花圃或者在荷兰 Twickel 庄园（Twickel Estate）的花园里，用来作为重新解释的重建的桥。

在历史花园中插入当代设计，如何分辨两者是否兼容呢？这种对与错的判断还是应该依据每个案例的整体情况进行评估。例如，究竟对一个历史花园失去的部分或元素进行重建是合理的方法，还是用一种更加当代的设计方法来解读会更加合适。甚至在一个历史花园里举办的临时雕塑展，尽管毫无疑问是一个景点，但也可以被看作是对历史古迹的破坏性干预，因为它给游客传递出一种持久但错误的视觉印象，即，历史花园本身不是一种艺术创作，而只是一处被艺术品使用的场地。

在历史花园里，虽然大都重视花园最初创造者的工作，而不是今天仍在为它服务的景观设计师，但花园维护者的最高艺术在于能够直观认识到原始设计的优秀之处并给予学术上的支撑，而不是盲目地服从前辈的思想。改变和转换，同修复一样，都是延续历史的必要做法，同样伴随着对前辈工作的尊重，并且适当地加上当代的声音。因此，对花园的保护不能仅从保护主义者和历史主义者的视角出发，而是有必要坚持自己的创造，并且将人们的注意力引向对原始设计优秀之处的发掘中。因此，其目标是在历史和现实之间建立一种连续性，引导过去走向未来。

尽管对花园的保护经历了长期演变和不断发展，历史花园仍然处于被改造的危险中，数

维也纳美泉宫花园（Garden of Schonbrunn Palace）中切割高大树篱的移动式脚手架，为历史原作的复制品
德国巴特穆斯考平克勒公园（Fürst-Pückler-Parks）里重新种植的"Georgseiche"橡树

量被削减或者因忽视而消亡，无力对抗土地使用需求的激增或缺乏细心的维护，以及项目设计的新用途与保护目标的不兼容问题。然而，所有损失都远远不及那些大量维护良好的花园、公众对花园日益增强的兴趣，以及人们对历史花园在经济和文化方面重要性认识的提高。公园和花园正在经历一个繁荣期，历史花园，尽管看上去似乎过时，也会再一次流行。

被改建的花园区域的当代解读。图为德国汉诺威海伦荷萨皇家花园内大花园（Grosser Garten）里的花圃

波特菲尔德公园，伦敦，英国

GROSS. MAX 景观设计事务所，爱丁堡，英国

虽然伦敦有一个超大且低调的公共公园，但它对凝聚当代城市空间却没有什么表现。然而，政治和文化气候的改变，引发了一次备受瞩目的城市复兴。2002 年，在伦敦取得 2012年奥运会主办权的前三年，时任伦敦市长肯·利文斯通（Ken Livingston）和他的特别城市顾问理查德·罗杰斯（Richard Rogers）推出了一项名为"100 个公共空间计划"（The 100 Public Spaces Programme）的项目，目的是创造或改善伦敦的 100 个城市公共空间。波特菲尔德公园（Potters Field Park）作为计划的一部分，进行了重新设计。但在 2008 年，肯·利文斯通的继任者鲍里斯·约翰逊（Boris Johnson）放弃了这个项目。

从波特菲尔德公园向大伦敦地区市政厅方向看

建造任务： 公共公园

景观设计： GROSS.MAX., 6 Waterloo Place, Edinburgh EH1 3EG; Piet Oudolf, Broekstraat 17, NL-6999 DE Hummelo

项目位置： 英国伦敦 Tooley Street

业主： More London/Southwark Borough Council/Pool of London Partnership

建成时间： 2007 年

占地面积： 0.4 公顷

植物清单： 草本植物和灌木：*Agastache 'Blue Fortune', Amsonia hubrichtii, Astilbe 'Vision in Pink', Astrantia 'Claret', Baptisia leucantha 'Purple Smoke', Briza media 'Limouzi', Campanula poscharskyana 'E.H. Frost', Cimicifuga simplex 'James Compton', Clerodendron trichotomum, Dryopteris wallichiana, Echinacea tennesseensis, Epimedium macranthum, Eryngium yuccifolium, Eupatorium maculatum 'Atropurpureum', Geranium 'Claridge Druce', Hakonechloa macra, Helenium 'Moerheim Beauty', Helleborus orientalis 'White', Knautia macedonica, Koeleria glauca, Molinia litoralis 'Windsäule', Origanum 'Herrenhausen', Paeonia 'Claire de Lune', Pennisetum 'Cassian', Persicaria ampl. 'Firetail', Ruellia humilis, Salvia 'Rhapsody in Blue', Sanguisorba tenuifolia 'Alba', Sedum 'Sunkissed', Serratula seoanei, Sporobolus heterolepis, Stachys off. 'Hummelo', Trifolium rubens*

造价： 300 万英镑

总平面图

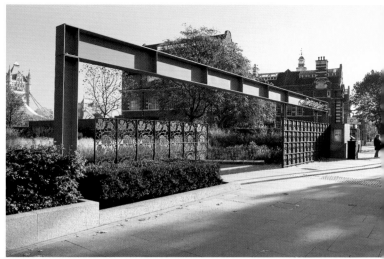

　　波特菲尔德公园毗邻伦敦市政厅，位于泰晤士河南岸，由福斯特设计事务所（Foster + Partners）设计。公园里有着极佳的滨水河岸，其良好的视线可以看到一些伦敦最具标志性的历史古迹，如伦敦塔桥（Tower Bridge）、伦敦塔（Tower of London）和不断变化的伦敦城市天际线。波特菲尔德公园里的绿洲与相邻的、以铺装为主的住宅区形成了强烈对比，同时，还创造了一个连续的公共空间。该设计包括一个朝向住宅区的私密社区公园，和用一系列大台阶逐步把人们引向泰晤士河岸的开放草坪。社区公园种植了种类繁多的美丽的草本植物以及各种草，由世界知名的荷兰植物设计师皮耶特·奥多夫（Piet Oudolf）设计。（GROSS. MAX.）

看向伦敦塔桥
主入口
公园里的多年生草本植物

六月盛开的花朵
紫锥菊（Echinacea tennesseensis）

新东部墓园，阿姆斯特丹，荷兰

荷兰 Karres en Brands 景观设计事务所，希尔弗瑟姆，荷兰

墓地在城市公共绿地中占有独特地位。一个墓地甚至比一个公园或一个公共花园，更与我们每一个人息息相关。几乎每个人最终都会去那里，不是去埋葬别人，就是被埋葬。

城市墓地的概念和形式非常类似于城市公园。对阿姆斯特丹的新东部墓园（Nieuwe Oosterbegraafplaats）来说，这当然是真实的，其前两期工程由 L.A. Springer 设计事务所分别在 1894 年和 1916 年设计，那时被称为"新景观风格"。在 19 世纪后半期，同样的设计师还设计了阿姆斯特丹的东部公园（Oosterpark），更进一步说，无论从风格还是外观上来说，都与这个墓地非常相似。

这种"新景观风格"的特点包括蜿蜒的小路，及树与灌木丛的不规则交替并置。在与前两期工程设计风格保持一致的前提下，1928 年建成的新东部墓地第三期工程由市政公共工程部门来设计。

墓地 87 号区域鸟瞰

建造任务：重新设计骨灰盒墓地和骨灰龛

景观设计：Karres en Brands Landschapsarchitecten Bv, Oude Amersfoortseweg 123, NL-1212 AA Hilversum (www.karresenbrands.nl)

项目位置：荷兰阿姆斯特丹 Watergraafsmeer

业主：De Nieuwe Ooster, Cemetery, Crematorium and Memorial Park

建成时间：2006 年 9 月

占地面积：2 公顷

材料：地面：玄武岩、天然石料、蓝色德兰赫林（Blue de Lanhelin）、不锈钢边、破碎的旧墓碑；骨灰安置所：内部是土石混凝土、外部是锌板；水池：喷砂钢和水磨石混凝土桥梁；骨灰安置所遮盖：水磨石

植物清单：绿篱：*Fagus sylvatica 'Purpurea', Fagus sylvatica, Taxus baccata, Ilex aquifolium*；灌木：*Rhododendron ponticum*；树：*Betula pendula, Liriodendron tulipifera, Magnolia soulangeana*；草本植物：*Athyrium filix-femina, Hedera helix 'Zorgvlied', Euphorbia dulcis 'Chameleon', Geranium macrorrhizum 'Czakor', Imperata cylindrica 'Red Baron', Potentilla atrosanguinea 'Gibsons Scarlet', Sedum 'Purple Emperor', Paeonia 'Early Scout?, Helleborus foetidus, Rosa 'Tornada', Alchemilla mollis, Perovskia abrotanoides 'Little Spire', Pennisetum alopecuroides 'Hameln'*；水生植物：*Nymphaea odorata 'Alba'*；球茎植物：*Crocosmia 'Lucifer', Tulipa parade*

造价：160 万欧元

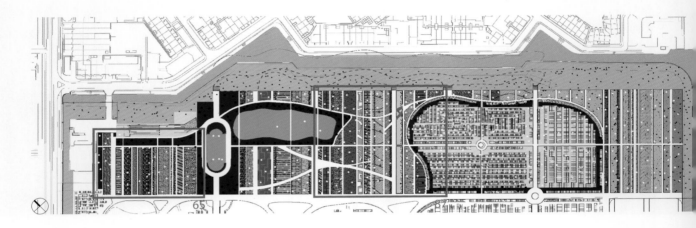

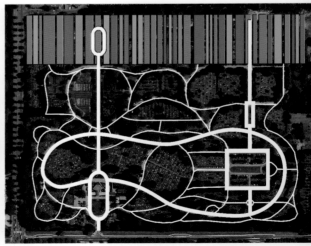

总平面图
87 号区域的分药花（Perovskia abrotanoides）
新的空间概念

普通公园和墓地的本质区别不在于外观，而在于使用。墓地与大多数城市公园相比，没有那么密集，也没有那么欢乐。骨灰龛和坟墓群暗示着一种压抑的心境，时常出现在此处的悲伤的人们更是加重了这里谨慎克制的氛围。与墓地相比，在公园里举行足球赛或野餐，完全不会让人觉得不适宜或尴尬，也不会激怒任何人。因此，与一般的公园相比，墓地没有那么令人愉快和轻松。

因阿姆斯特丹墓地短缺，新东部墓地最近的第三期完成了更新改造。该项目由 Karres and Brands 事务所设计，预算为 160 万欧元。设计师西尔维亚·凯瑞斯（Sylvia Karres）和巴特·白兰斯（Bart Brands）深信，由 Springer 设计的前两期相对于第三期有一个清晰的空间品质，虽然第三期类似于 Springer's 风格，但却不是由其设计。而且，他们还认为，适应性和延展性已经使这期工程失去了结构骨架和自身特征。凯瑞斯和白兰斯的设计出发点就是强调差异，正如他们在墓地设计说明里解释的那样："与其把三个区域的空间连接起来，我们认为赋予每个区域独有的特征更有必要。设计增强了对比，清晰地区分出墓地的三部分，从而使各个区域的特征得到更好的发挥。我们为项目的第三期创造了一个新的识别特征。在这里，一个不拘一格但是简洁的新设计是必须的。"

新设计采用了一系列平行的、宽度不等的带状形式，覆盖在公园的现状表面上。正如凯瑞斯和白兰斯描述的："平面布局上，每一条'条带'都采用不同的设计原则……一些条带用绿篱把整个区域分隔成三维的空间，坟墓群所在的草坪和撒灰场形成了有绿色边界的空间，一些独立的白桦树分散种植在整个区域中。一个长长的池塘和骨灰瓮墙不仅强调了空间，而且提供了特殊的方式存放骨灰盒。"

通过这样的方法，整个场地和那些现状的蜿蜒路径被这些直线的条带断断续续地打断，

87 号区域的杜鹃（*Rhododendron ponticum*）和玫瑰（Rosa "*Tornada*"）

87 号区域林荫道上的长方体大理石骨灰盒基座
87 号区域的瓮棺葬水池
水池中能装 4 个骨灰盒的的金色容器

它们不规则的形式可能被误认为否定场地历史，但相反，通过与场地现状进行夸张的反差，来唤起对地下灵魂的关注。骨灰盒安放处不仅是条带状设计里最有力的元素，还是典型的当代景观设计风格，即形式与形式主义是彼此不分离的。那些被设计师确认为缺乏特征的地方，通过以骨灰盒为开端并衍生开的一系列设计措施得到了弥补，最终达到了富含特征的效果。

柔弱，这个 19 世纪常常表现出的景观风格——或者至少是当代景观认为 19 世纪的景观具有此风格——被凯瑞斯和白兰斯用非常强烈的、与软弱无力相对的线性景观给予增强。这么高调地强调存在感，不仅是今天很多景观设计学的典型特征，而且根据我们当前对待死亡的态度和做法，也可以被理解为是意味深长的。

尽管欧洲社会正在老龄化，但事实上，死亡通常离我们的日常生活很遥远。确切地说，死亡在我们的社会中是不证自明的，如果死亡是生活中一个普通的组成部分，那么墓地是最后一个永久的休息场所，但是，恰恰相反，墓地在人们眼中是一个特殊的地方。（Hans Ibelings）

87 号区域的玉兰林与安放骨灰的壁龛

墓地 65 号区域鸟瞰
65 号区域的墓碑条块

城市农业：在感官愉悦与社会更新之间的城市园艺

"Civic Agriculture": Urban Gardening between Sensual Pleasures and Social Renewal of the City

理查德·英格索尔（Richard Ingersoll）

生活在城市环境中的人们需要摆脱与自然隔绝的状态，同时弥补高密度人口带来的不良影响。解决这个问题的基本策略之一是让自然回归城市，并且保护那些尚未被完全摧毁的自然空间。对城市里的中低收入居民来说，他们并不是住在一个带有花园的别墅里，在公共公园里漫步是他们仅有的喘息机会，这是他们自己的花园，尽管小或者位于不起眼的位置，却至关重要，有时是接触自然的唯一途径。

在欧洲的德语地区，小型的城市菜园最早建立在 19 世纪的一些剩余或未建设的土地上，属于遏制贫困和促进公众健康的公共或私人措施。这种被分配的土地通常被称为"城市菜园"（Schrebergärten），分布在铁路沿线和城市的边缘，每块土地都有自己的栅栏和小型的工具房或者凉亭。"城市菜园"的名字来源于德国医生莫里茨·史莱伯（Moritz Schreber）博士（1808—1861 年），他是一位来自莱比锡的儿科医生，生活在 19 世纪上半期，主要从事下层阶级的预防医学工作。如何抑制青少年的性冲动是他最主要的研究方向，这促使他提出用体育运动器械来升华年轻人的激情。在他生命中最后的日子里，针对年轻人，史莱伯提出了"学校花园"的概念，以分散他们的本能冲动。尽管他的奇怪的机器未能引起市场关注，但他的花园思想却生了根，这不是因为其压抑的价值，而是作为城市居民的一种快乐和健康的爱好。

据统计显示，自从开始在这些花园里劳作，人们保持了更好的身材，加上健康的饮食习惯，

城市菜园，苏黎世，瑞士

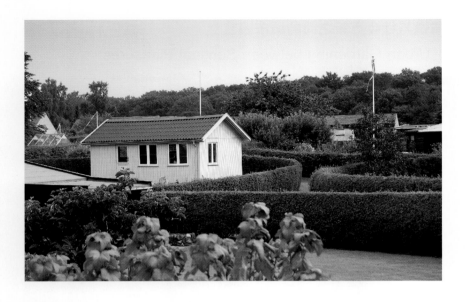

使人们感觉更加踏实，没有理由相信他们的性欲因为园艺而受到抑制。相反，在我去这些菜园和散落在欧洲各大城市边缘自留地的观光旅游中，我常常认可这种努力，即人们都有恢复失去的伊甸园的渴望。虽然人们在花园里努力劳作的动机实际上是为了每周获得蔬菜、水果和花卉上的补给，但这些面积从 50 平方米到 200 平方米不等的小农场倾注了人们不同寻常的创造力，表达了人们对感官愉悦的渴望。城市菜园是一种吸引人的消遣活动，但不幸的是，它们往往占据着城市中远离公众接触的剩余土地。而且，它们通常被丑陋的铁丝网围栏包围，并且限制出入，由一个园丁掌管整个花园的钥匙。如何将这种具有创造性和参与性的资源整合进公共公园里，将是城市绿化下一步的工作。由丹麦景观设计师卡尔·特奥多尔·索伦森（Carl Theodor Sorensen，1899—1979 年）设计的哥本哈根北面的 Narum 花园是一个很好的案例。Narum 花园设计于 1948 年，通过在花园里设置 50 多个椭圆形的果园，提供了一个令人激动的愿景，即如何让私人花园有助于公共公园的建设。花园用统一的绿篱来限定每个椭圆，用一个小工具房来保护入口。园丁把树篱修剪到人视线的高度，以方便人们看到果园。在这些椭圆形的绿地空间中，一个公共的步行网络系统连接起所有椭圆。因此，一个大型的公共公园将 50 名园丁的创造力融合在一起，而且都是免费的。

索伦森对 Narum 花园的设计激发了意大利人对城市农业的向往，同时，这也是一种尝试，促进和证明了城市农业可以作为提高整体公共景观的途径之一。城市农业始于分配给个人的小块土地和园丁的个人热情，且最终会引向更大的区域农业公园的概念。它包括城市空地、公共公园、停车场、屋顶，以及毗邻市区的既有农田保护。花园的建设需要在专业农艺师、景观设计师和社会学家的帮助下组建市民协会，从而使城市居民自发地在城市范围内开拓农业用地。市民协会的成员之间可以对遇到的问题进行讨论，诸如当地物种的复垦、化学肥料

Narum 花园，哥本哈根，丹麦

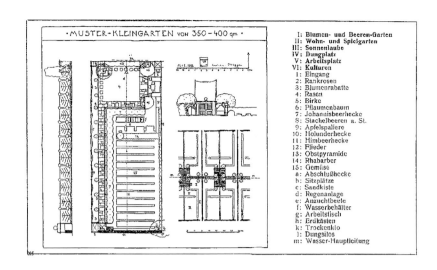

的控制、回收堆肥和选择建造花园的材料等，最终得出大家一致同意的解决方案，并共享信息。在苏黎世和其他一些讲德语的城市，类似的协会已经创建网站来推动和管理他们的活动。城市农业提倡三种重要的城市复兴类型：对废弃土地的复兴与美化；不同社会群体的参与和融合，包括小孩、老人、身体或精神上有残疾的人，以及囚犯和移民；在当前人们逐渐感到被城市遗弃和缺乏安全感的情况下，重新提倡一种新的责任感和社会控制。

对那些熟悉德国景观设计师雷伯莱希特·米格（Leberecht Migge，1881—1935 年）的人来说，城市农业的各种要点没有什么新鲜的，米格认为自己是"绿色的斯巴达克斯"。像史莱伯一样，米格不仅关心工业社会的健康和福祉，而且认为园艺是城市居民的一种解放形式。他一生的目标，就是使每个城市居民自给自足，给每家一块菜地。这让我觉得分配制菜园命名错了，应该叫 Miggegärten。米格在德国花园城市运动和德国工业联盟（Werkbund）中的背景，使他促成了将花园作为住宅的一个必备部分。他坚持认为一块菜地的几何造型能够反映房子的次序。在他的理想项目"生长的房子"（Das Wachsende Haus）中，他提出在北面设置一个基础的墙，房子里的房间和菜园都可以根据需要从此处进行扩展。1926 年，在 Dessu-Ziebigk 的 Knarrbergsiedlung，米格亲自种植了一块城市菜园，他希望搬进社会住宅区的每个家庭都能够收获食物，并且明白花园是如何运作的。在他的许多关于城市菜园的设计方案里，他还意识到这些小块地作为公共景观的一部分的潜力，并且建议把 4 小块聚成一个正方形，以作为一个大的休闲公园的构成元素。然而，像史莱伯一样，米格的理论中也隐藏着决定论的倾向，他没有意识到，如果没有乐于参与的园丁，他的花园就不会生存下去。20 世纪 20 年代，他在柏林和法兰克福的很多著名居住区设计的城市菜园，包括布鲁诺·陶特（Bruno Taut）和马丁·瓦格纳（Martin Wagner）的 Hufeisensiedlung，以及厄恩斯特（Ernst May）的 Römerstadt，因已经被开发或计划被开发成房地产项目而被遗弃、荒废。

花园城市中的花园模型，摘自：伯莱希特·米吉（Leberecht Migge），《社交花园，绿色宣言》（Der soziale Garten. Das grüne Manifest），1919

花园不能没有园丁，这是公理。

　　在罗马这个不缺花园的城市，一个非常特殊的菜园于 2004 年出现在耶路撒冷圣十字圣殿。作为本笃会修道院，它的历史可以追溯到君士坦丁大帝时代，并且毗邻一个嵌入城墙的古代竞技场。为了复兴修道院"祷告不忘劳作"的信条，修道士们重新把花园改造成为一个精心设计和高产出的菜园。建筑师保罗·皮佐隆（Paolo Pejrone）设计了交叉的藤架组成的小径，用来划分一系列的同心菜地和花圃。由于修道士们必须要遵守保持纯洁的誓言，他们也许已经完成了史莱伯的使命，把荷尔蒙的冲动升华为花园的果实。修道士们每周两次在花园的门外出售他们的农产品，可以看出花园奇迹般的丰饶和美丽。

　　在波尔多，一个大型公共公园——波尔多植物园（Jardin Botanique de la Bastide）振兴了一个废弃的车站码头，一个在欧洲很普遍的、令人尴尬的后工业遗址。植物园由景观设计师凯瑟琳·摩斯巴赫（Catherine Mossbach）设计并于 2004 年建成，项目位于加伦河岸边一块狭长的场地，绵延约一公里，提供了多样的体验。温室和球形的行政仓由 Françoise-Hélène Jourda 负责设计，为那些使用公园作为教育目的的人们提供了一个教学空间。绿色花园，作为公园的最大组成部分是由一个叫"公民果园"的组织负责维护，其成员来自志愿者和附近农业学校的学生。其余的部分则是分散成交错的形式布置，种植了时令蔬菜，并以长椅和水槽来分隔。当人们朝河边行走时，可以看到 11 个岛状的生物群落样本，显示了该地区从沙丘到湿地的多样生态环境。公园以一个水花园收尾，特殊的花盆种植着水生植物。尽管只有部分由市民园丁维护，通过运用不断变化的农业元素使波尔多植物园可以对季节循环和烹饪需求做出回应。

　　因此，城市农业可以改善土地，通过持续不断具有创造性的参与使其更安全。同时，通过赋予年轻一代技能和成就感，有助于塑造他们的道德品质。1977 年，在英国牛津的大学

耶路撒冷圣十字圣殿的花园，米兰，意大利

区以东约 10 分钟的步行距离，一批心理健康工作者启动了一个名为"恢复"的项目。他们的花园跨越两个街区（0.5 英亩），由一群精神疾病患者在专业人士的指导下进行劳作。项目最初属于精神病院开放运动的一部分，该运动是 20 世纪 70 年代由米歇尔·福柯（Michel Foucault）等人发起的。每周有 6 名专业人士和 6 名志愿者与 30 至 50 人一起协作，这些精神疾病患者到花园里参观并参与维护工作，播种、施肥、除草和其他杂事。成就感来源于看到美丽的植物并且享受其过程，这促成了该地区 3 个类似的治疗花园的建立。2008 年，"恢复"项目将其中一个工具房改造为咖啡馆，使其成为一处"正常人"与那些在花园里劳作的人们相互交流的场所。咖啡馆使花园成了周边社区的信息交流地。

城市农业已经存在，但其各个组成部分可以更好地协调，以作为一个整体农业园区的一部分。20 世纪 70 年代，在米兰理工大学（Milan's Polytechnic University）的一场辩论中，产生了第一个区域农业公园的试验案例。地域范围从米兰城郊向南部地区延伸，包括 60 个不同城市的土地，从地质和水文学角度进行了研究，以评估它们是否能用于区域农业公园。尽管公园还没有得到法律上的承认，但是它被各个实体作为一个概念来推动，一些组成部分已经被单独开发起来。20 世纪 70 年代，意大利著名的自然保护与生态组织 Italia Nostra 成功地把几公顷郊区土地拼凑起来，他们把北半部规划为城市森林——the Bosco in Città，试图重建典型的植被群落，培育湿地，恢复自然排水系统；公园的南半部——洞穴公园（the Parco delle Cave）——有一个废弃的采石场，曾经在米兰因毒品交易和红灯区而臭名昭著，采石场被改造为一个美丽的湖泊，养了很多鱼，其边缘地块被改造成市民花园。在 25 年后，公园成为一个积极的社会空间。三组地块中的每一组都有一个俱乐部用房，由米兰理工大学

水花园，波尔多植物园，法国
耕作林（Champ de cultures），波尔多植物园，法国

的卡洛・马塞拉（Carlo Masera）教授和他的学生用泥土、稻草和木头等生态材料制作而成。在社会学家的帮助下，建筑师们协助园丁协会制定他们自己的有关花园设计、材料、肥料和杀虫剂的规范。城市菜园地块的选址位于公园的各主入口附近，以作为一个社会滤镜，因为城市农夫们每天都会往返菜地，可以看到经过的人们。

　　虽然有些人没有选择，不得不辛勤劳作，像从天堂来的原始流放者，但是城市农业常常是快乐的。观看春芽绽放的喜悦，锄挖地面从而获得身体的释放，从土壤里收获土豆的满足感，收集浆果的狂喜和从花圃里剪摘花朵，这都为城市居民树立起新的幸福感。如果米格的愿望——让每个地方的每一户住宅都有城市菜园——能够扩展到停车场、屋顶和阳台，并利用所有城市扩张留下的尴尬空白地块，以及每所学校、监狱、商业园区和医院，那么，我们可以预见到对土地伦理的显著提高，和对可持续发展意识的革命性改变。最后，性欲将被允许在伊甸园里得到自由释放。

"恢复"项目所在的花园，牛津，英国

1   Heinze-Greenberg, Ita. »›Spartacus in Green‹, Leberecht Migge and Everyman's Garden«. *Structurist* 47 – 48, 2007 – 2008, pp. 34 – 40.

2   Ingersoll, Richard. *Sprawltown. Cercando la città in periferia*. Rome: Meltemi, 2004.

3   Migge, Leberecht. *Der Soziale Garten: Das Grüne Manifest* [1919]. New edition. Berlin: Gebr. Mann, 1999.

4   Migge, Leberecht. *Die wachsende Siedlung nach biologischen Gesetzen*. Stuttgart: Franck' sche Verlagsbuchhandlung, 1932.

5   Reed, Peter. *Groundswell: Constructing the Contemporary Landscape*. New York: The Museum of Modern Art, 2005.

6   Schreber, Moritz. *Die ärztliche Zimmergymnastik*. Leipzig: Fleischer, 1855.

洞穴公园平面图，米兰，意大利
洞穴公园，米兰，意大利

PRU RUBATTINO-EX MASERATI，米兰，意大利

LAND Srl 景观设计事务所，米兰，意大利

　　把废弃的工业区更新改造为居住区是后工业时代欧洲景观设计师和城市规划师面临的最大任务之一。米兰的情况是，有几个比较小的废弃场地曾经位于城市的郊外，现在成为城市内部的一部分，但没有融入城市的肌理。其中有一个叫洛巴迪诺（Rubattino）的场地，位于城市的东北部，直到 20 世纪 80 年代中期，传奇汽车制造商玛莎拉蒂和伊诺森蒂（Innocenti）仍在那里生产汽车。它的地理位置优越，靠近 Lambrate 当地的火车站，距离大教堂广场（Piazza del Duomo）只有几公里。1998 年，LAND Srl 的米兰办公室受一个私人投资商的委托，为一个总面积达 274000 平方米的场地进行总平面规划设计，以容纳一个由办公楼、住宅、公共建筑和配套休闲公园组成的综合体。尽管项目为私人投资，但是必须遵守城市的管理规则。第一期工程为场地西端的住宅和相邻的公园，于 2007 年完工。目前，场地的剩余部分仍然是无法进入的荒地。

水上公园边的前工业厂房

建造任务：通过重新整合被环形高速公路分割的空间，将住宅与原工厂遗址连接起来，以达到废弃工业用地的再生

景观设计：LAND Srl, Via Varese 16, 20121 Mailand (www.landsrl.com)

项目位置：意大利米兰 Lambrate District

业主：Rubattino '87 S.r.l./SERGRUP

设计时间：1997 年

建成时间：项目一期 2007 年

占地面积：总用地面积 274000 平方米；绿地 117200 平方米

植被：1800 棵树

植物清单：*Acer campestre, Acer platanoides 'Columnare', Acer platanoides 'Brilliantissimum', Alnus glutinosa, Alnus incana, Fraxinus excelsior, Juglans regia, Liquidambar styraciflua, Platanus acerifolia, Populus tremula, Populus nigra 'Italica', Prunus avium, Quercus palustris, Quercus robur, Quercus robur 'Fastigiata', Salix alba, Sophora japonica, Ulmus 'Resista', Alnus glutinosa, Carpinus betulus, Sorbus aucuparia, Ulmus glabra, Ilex aquifolium, Magnolia solangeana, Viburnum davidii, Spiraea arguta, Forsythia x intermedia, Prunus laurocerasus 'Otto Luyken', Salix rosmarinifolia, Cornus sp., Hydrangea sp., Spiraea sp., Viburnum tinus, bamboo sp., Ceanothus thyrsiflorus, Crataegus monogyna, Frangula alnus, Hippophae rhamnoides, Ligustrum vulgare, Rhamnus cathartica, Viburnum opulus, Carex riparia, Dactylis glomerata, Miscanthus sinensis, Poa trivialis, Phragmites communis, Thypha angustifolia, Pennisetum alopecuroides, Spartina pectinata, Cortaderia selloana, Festuca glauca, Cotoneaster microphyllus, Parthenocissus tricuspidata, Rosa sympathie*

造价：约 561 万欧元

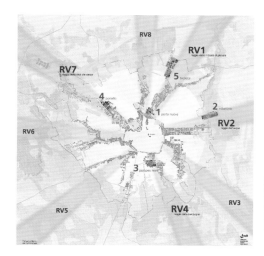

1 卡恰·多米尼奥尼广场
2 社区公园
3 水上公园
4 漫游公园

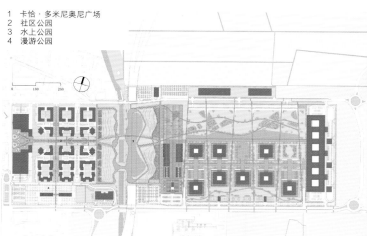

米兰总平面规划
洛巴迪诺 2 号区域平面图
从水上公园看前工业厂房
从水上公园看高架桥

完全以非机动车为交通方式的场地以一个对称布置的广场（建筑师：路易吉·卡恰·多米尼奥尼，Luigi Caccia Dominioni）作为入口，面朝一条借鉴 18 世纪城市建设模式的大街。在这条大街的两边，房屋被排布在一个横平竖直的网格系统中。这条大街通向公园，然后在那里分出不同的岔路。这个位置有些令人惊惶，那就是乍一看很难理解田园诗般的自然环境和令人无法忽视的城市边缘的鲜明对立：一群鸭子游过池塘，岸边的芦苇在微风中摇曳，公园里的长椅邀请人们就座欣赏美景，但是头顶上米兰的东环高架在咆哮。齐膝深的人工池塘位于高速立交桥的正下方，它的混凝土柱子矗立在水中。令人惊讶的是，在这个位置，交通的噪声实际上听不到。柱子映射在水面上，其笨拙的外形戏剧性地转变成一种形式美学。LAND Srl 景观设计事务所已经成功地把一片荒野转变为一处休闲场所。洛巴迪诺的东部区域是尚未改造的地方，几个废弃的厂房建筑与高速公路平行排列着，其中只有一个作为该地区历史的证明仍在使用。这座建筑将由意大利建筑师马希米亚诺·福克萨斯（Massimiliano Fuksas）进行改造设计，使其不会堵住公园的尽头，而是作为一个重要的节点，通向公园的东部。根据总平面规划，后期建设将包括写字楼和米兰大学化学与制药学院。

沿着城市东面兰布罗路（Lambro）的自行车道，很快将被整合到一个 72 公里长环绕米兰城的绿环中，并将由八条"绿道"（green rays）或辐射带（raggi verdi）连接到米兰中心。最终，这些路径与绿环一起形成一个封闭的道路系统，以供行人和骑自行车的人使用。这个区域的总平面规划也是由 LAND Srl 景观设计事务所负责设计。其指导原则是重新连接城市里被忽略的区域，并且与城市里现有的孤立的绿地结合起来，形成一个替代性的交通系统。大部分的绿道计划在 2015 年米兰世博会前完成。LAND Srl 景观设计事务所把辐射带视为一个契机，希望引入一种新的运动维度和生活体验，取代没有意大利风格的、忙乱的北阿

高架桥下面的水池
高架桥下的柱子

尔卑斯山节奏和意大利大城市经济中心的交通拥堵。在 AIM 集团（Associazione Interessi Metropolitani，一个财力雄厚、拥有各种信贷机构和分公司的企业集团）的支持下，LAND Srl 景观设计事务所已经受米兰市委托，把辐射带整合进米兰世博会土地利用规划中。

　　这个项目得到很多著名人士的支持。当然，LAND Srl 景观设计事务所的创始人之一安德烈亚斯·基帕尔（Andreas Kipar）热情地介绍了他最近与意大利著名指挥家克劳迪奥·阿巴多（Claudio Abbado）、意大利著名建筑师伦佐·皮亚诺（Renzo Piano）一起在大教堂广场的种植盆里，栽下了具有象征意义的树。这一场景标志着宣传活动的开始，在隐退 23 年后，他宣布，在这个他出生的城市栽满 90000 棵树后，他将愿意再次出山。这 90000 棵树将构成城市的第一条新绿道。（Dorothea Deschermeier）

前工业厂房前的种植细部

中央公园和约翰·肯尼迪大道，基尔伯格高原，卢森堡

Latz + Partner 景观事务所，克兰茨贝格，德国

基尔伯格高原（The Plateau de Kirchberg）是卢森堡公国的一个区，直到 20 世纪 60 年代早期主要还是田野和林地，通过一个横跨阿尔泽特河（Alzette）峡谷的高架桥连接城市中心。在 20 世纪 90 年代初进行系统改造前，它是一个功能性强的、便于车行的区域，由一系列独立的大型建筑包括欧盟各机构、欧洲共同体以及国际银行业联盟组成。规划师被委托把这样一个无聊和功能单一的战后地区，以经典的欧洲城市原理为基础，改造为一个功能合理的都市生活环境。1991 年，建筑师克里斯蒂安·鲍埃尔（Christian Bauer）、Jochem Jourdan Berngard Müller PAS、Latz+Partner 景观事务所和 Kaspar Konigö 共同制定了一个城市发展研究计划。这一计划的结果是，整个景观规划将由 Latz+Partner 景观事务所承担。这样，景观设计师的独特设计风格可以从整个场地，及许多地方的细部得以体现，使其设计

从中央公园看远处的国家体育文化中心

建造任务: 卢森堡基尔伯格高原中央公园

景观设计: Latz + Partner, Landschaftsarchitekten/Planer BDLA, OAi Lux, Ampertshausen 6, D-85402 Kranzberg; Studio 1A, Highgate Business Centre, 33 Greenwood Place, London NW5 1LB (www.latzundpartner.de)

项目位置: 卢森堡基尔伯格高原欧洲区

业主: Fonds d'Urbanisation et d'Aménagement du Plateau de Kirchberg, Ministry of Public Works

设计时间: 1993—2003 年，分期进行

建成时间: 2006 年

占地面积: 20 公顷

植物清单: 蔷薇科：*Amelanchier arborea 'Robin Hill', Amelanchier laevis 'Ballerina', Amelanchier laevis Wiegand, Amelanchier lamarckii Schroeder, Crataegus laevigata 'Paul's Scarlett', Crataegus laevigata 'Plena', Crataegus monogyna 'Stricta', Crataegus x mordenensis 'Toba', Crataegus x persimilis 'Splendens', Crataegus x persimilis Sarg., Malus 'Hillieri', Malus 'Evereste', Malus 'Gorgeous', Malus 'John Downie', Malus 'Liset', Malus 'Professor Sprenger', Malus 'Profusion', Malus 'Van Eseltine', Malus (Purpurea Group) 'Aldenhamensis', Malus (Purpurea Group) 'Eleyi', Malus (Rosybloom Group) 'Royalty', Malus floribunda Sieb. Ex Van Houtte, Malus pumila Mill. (Rosybloom Group), Malus toringo (Sieb.) Sieb. Ex de Vriese, Mespilus germanica, Prunus avium (L.) L. 'Plena', Prunus avium L., Prunus padus 'Watereri', Prunus padus L., Pyrus, Pyrus caucasica Fed., Pyrus communis L. 'Beech Hill', Pyrus nivalis Jacq, Rosa 'Ballerina', Rosa 'Rhapsody in Blue', Rosa 'Sommermärchen', Sorbus, Sorbus aria 'Lutescens', Sorbus aria 'Magnifica', Sorbus hybrida 'Gibbsii', Sorbus hybrida L., Sorbus intermedia (Ehrh.) Pers., Sorbus latifolia (Lam.) Pers., Sorbus vilmorinii Schneid, Sorbus x arnoldiana 'Golden Wonder', Sorbus thuringiaca 'Fastigiata'*

造价: 1300 万欧元

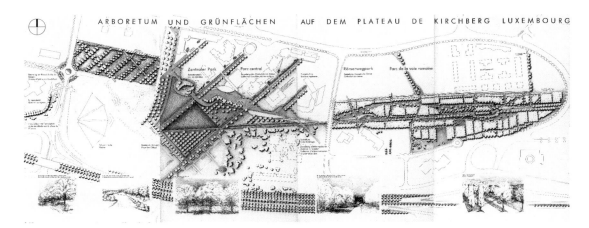

总平面图
中央公园中的林地

保持一致性。因此，Latz+Partner 景观事务所的景观设计成为城市改造措施的一个重要组成部分。景观设计师利用了城市绿地规划中的两个经典元素来设计交通流线，把原来场地与被改造区域一分为二的现状转化为一个混合的开放空间。本质上，城市绿地规划的两个传统元素——公园与大道，被用于基尔伯格高原的再设计。

中央公园

中央公园（Parc Central）位于卢森堡国家体育文化中心（Centre National Sportif et Culturel）这一造型独特的建筑和欧洲学院（European School）之间，是绿地和休闲区域的主要代表。公园的布局是严格的几何形，根据相邻建筑的排列和路径的方向，把它们与周边环境结合起来。公园通过运用一系列的路径和台阶、树林和修剪的绿篱、挡土墙和水渠把建筑与景观融合在一起。水渠把整个地表雨水收集到中央公园的湖泊。最后呈现出严格的几何形和多样的景观之间相互作用的结果。

由于不得不克服场地上显著的高差问题，挡土墙成了公园内一个重要的建筑装置。通过利用从场地上挖出的石头，建筑师赋予了挡土墙独特的当地色彩。这种设计手法同时也体现在其他地方，例如，在道路的沥青表面上使用浅色的柏油。

关于公园的绿化设计，景观设计师采用了一些当地的乡土树种——橡树、黑松、枫树和铁树来塑造景观，以增添熟悉的感觉。一些欧洲的外来树种也补充到本地树种中。在东北面，同样呈几何形式排列的蔷薇科植物和果树构成了公园的边界。从附近的人工假山顶上可以鸟瞰整个公园以及一个种植了臭椿树的大草坪，草坪上的球场和椅子位于树冠的阴影下。

约翰·肯尼迪大道（Avenue John F . Kennedy）

在基尔伯格高原改造中，最激进的改造措施之一就是对 N51 公路的降级处理。这条公路原本使欧洲区（European district）到机场和国家级高速公路之间无缝连接。在这一区域，总平面设计为一条城市林荫大道、一条 urbaine 大道（avenue urbaine），这是第一次为人

中央公园的几何形灌木设计
中央公园的树剧场
喷泉

们赢回了街道空间。景观设计师决定创建一条经典的、由人行道和几组车道组成的 60 米宽的大道，而种植设计——柏栎树、橡树和梨树——在未来的几十年里会为这 3 公里长的道路赋予新的内涵，它们细长、苗条的树冠将创造一个有品质的都市空间。

　　道路上使用的高品质材料——花岗岩铺装和侧石，及有颜色的混凝土砖块——反映了城市的美学诉求，同时又确保了道路的耐久性。如果没有景观设计师的积极干预，在对基尔伯格的改造中就不会发生城市范式的转变，将基尔伯格高原转变为一个城市区域，显示了将城市及其绿色空间作为一个整体是多么重要。中央公园和约翰·肯尼迪大道可以作为城市景观设计的优秀案例。(Karen Jung)

建造任务：卢森堡基尔伯格高原约翰·肯尼迪大道，将公路改建为市中心多功能林荫大道

景观设计：Latz + Partner, Landschaftsarchitekten/Planer BDLA, OAi Lux, Ampertshausen 6, D-85402 Kranzberg; Studio 1A, Highgate Business Centre, 33 Greenwood Place, London NW5 1LB (www.latzundpartner.de)

项目位置：卢森堡基尔伯格高原欧洲区

业主：Fonds d'Urbanisation et d'Aménagement du Plateau de Kirchberg, Ministry of Public Works

建成时间：2012 年

设计时间：1993—2012 年，分期进行

占地面积：约 10 公顷，大道宽 60 米，长 3 公里

植物清单：*Quercus robur 'Fastigiata Koster', Quercus robur, Pyrus calleryana 'Chanticleer'*

造价：1.028 亿欧元

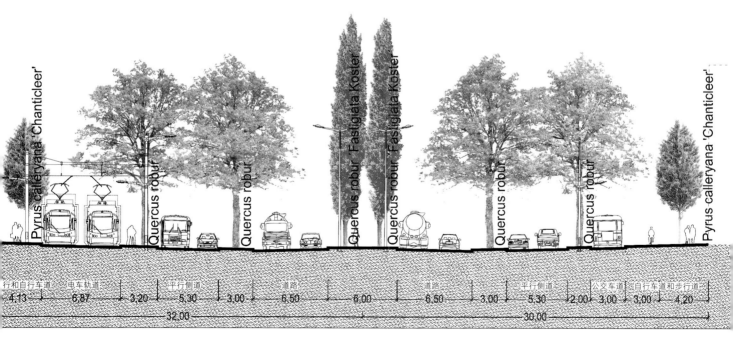

约翰·肯尼迪大道剖面图

西洋棋盘公园再设计，慕尼黑，德国

Levin Monsigny 景观事务所，柏林，德国

西洋棋盘公园（Georg-Freundorfer-Platz）建于 19 世纪后期，位于慕尼黑市的西端，该区域具有典型的用建筑环绕街区四周、围合布置的特征和最高的居住密度。在其附近的前贸易中心（the Theresienhöhe）地块上，还有更多的房子正在建造。因此，西洋棋盘公园的主要功能就是作为当地居民的聚会地点、举办活动的场地和一个多功能的运动与休闲场所。在 20 世纪 60 年代，场地第一次被改造成为一个公共绿地，高高的土墙与成熟的大树在街区与公园之间形成了一道屏障。公园的重新改造必须结合现有的大树和土墙，还要重建与城市开放空间失去的联系。

全景图

建造任务：重新设计一个邻里公园

景观设计：项目 2-5 期（HOAI German fee scales for architect and engineers）和总体设计现场监造（Levin Monsigny Landschaftsarchitekten, Brunnenstraße 181, 10119 Berlin, www.levin-monsigny.com）；项目 6-8 期(HOAI Hubert Wendler Landschaftsarchitekt Pfeuferstraße 38, 81373 München, www.fine-gardens.de）

项目位置：德国慕尼黑西区西洋棋盘广场

业主：State Capital City of Munich, Building Works Department

方案设计：Levin Monsigny Landschaftsarchitekten

建成时间：2002 年

占地面积：18000 平方米

植物清单：种植组合 A：地被：*Euonymus fortunei 'Minimu', Geranium sanguineum 'Album', Geranium renardii*；地下芽植物：*Narcissus 'Jack Snipe', Narcissus 'Bartley'*；阴面：*Ilex crenata 'Stokes', Mahonia aquifolium 'Apollo', Dryopteris filix-mas*；阳面：月季（从粉红色到淡黄色），*Berberis thunbergii 'Kobold', Hypericum x moserianum, Dryopteris filix-mas, Deschampsia cespitosa 'Bronzeschleier'*。种植组合 B：地被：*Euonymus fortunei 'Dart 's Blanket', Geranium macrorrhizum 'Spessart'*；阴面：*Ilex crenata 'Green Lustre', Mahonia bealei, Keria japonica, Dryopteris filix-mas*；阳面：月季（从粉红色到淡黄色），*Hypericum 'Hidcote', Deschampsia cespitosa 'Bronzeschleier', Carpinus betulus, Acer saccharinum, Acer saccharinum 'Laciniatum Wieri', Acer pseudoplatanus, Magnolia kobus*

造价：约 180 万欧元

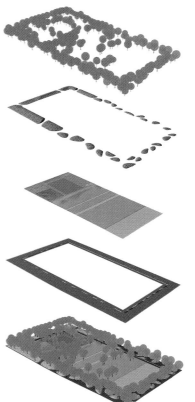

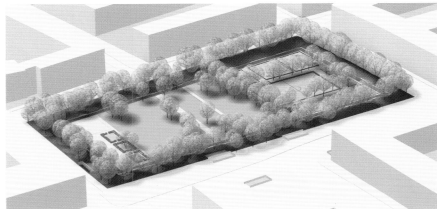

分层图
电脑模拟图

西洋棋盘公园的改造，通过运用一个框架，把公园里不同用途的场地和不同的交接部分环绕起来，无论是从形式上还是功能上都重新整合在一起。这个框架同时还起到重新组织公园入口的功能——既向公园内又向城市外：一个双向的、可渗透的边界。一条精致的浅色镶边，从视觉上可以看作是地面上的一个条带，强化了框架的效果，并且把黑色的玄武岩铺装分成一大片小鹅卵石铺装和一条狭窄的马赛克铺装。这条镶边的局部从地面升起，形成景观小品，坐在这里可以观赏人们在公园的户外活动。完整的灯光带沿着边界的节奏，在晚上照亮了新改造的公园。覆盖植被的地形堆压在边框上，好像场地上一个个点，在公园的北面，它们的体量更大更显著，一些小径穿过这些地形堆；而在公园的南面，这些地形堆越来越小，越来越低，一直延伸到前贸易中心的对面，变成仅仅是整个黑色铺装框架内的一些小块补丁绿地。在大树树冠的保护下，茂密的耐阴地被和一些草类、蕨类植物，热情地迎接居民进入公园。
（Levin Monsigny Landschaftsarchitekten）

长凳照明设计

运动场上的孩子们
棋盘铺地

ULAP-PLATZ 公园，柏林，德国

雷瓦德景观建筑事务所，德累斯顿，德国

尽管 ULAP-PLATZ 公园的位置靠近柏林的中央火车站，但是它并非如人们期望的位于热闹的城市十字路口，而是宁静的一隅。事实上，我们很难找到合适的词来形容这个位于柏林市中心、仅有 1.3 公顷的树木葱茏的空间：在 1879 年，它成为 ULAP（Universum-Landes-Austellungs-Park，一个举办各种展览会的场所）的场地，场地上保留的一排菩提树见证了这段历史，它们现在已经成为新设计不可或缺的一部分。

今天，这些由枫树、榆树、槐树和菩提树组成的浓密的树冠使人意识到这是一个公园。然而，地面上的水景和有节奏布置的木质椅子（其中一些以灯光点缀）更多地塑造了一种城市广场的特征。尽管场地上大部分的树都被保留下来，景观设计师蒂尔·雷瓦德（Till

向柏林中央车站看

建造任务：在柏林中央车站附近建造一个小广场，在保护现有古树的同时，以各种方式回应广场周围的活动
景观设计：Rehwaldt Landschaftsarchitekten, Bautzner Str. 133, 01099 Dresden (www.rehwaldt.de)
项目位置：德国柏林 Mitte
业主：Berlin Senate Department for Urban Development, Urban Design Department, Capital City Projects
设计时间：2005—2007 年
建成时间：2008 年
占地面积：1.3 公顷
材料和植物清单："绿色大厅"：碎砂石路面；ULAP 广场和高架路：混凝土铺装板；台阶：Mont-ULAP 砂岩；发光长椅：钢木结构，内置灯带；场地原有树；草本植物、草地、蕨类植物、球茎植物
造价：110 万欧元

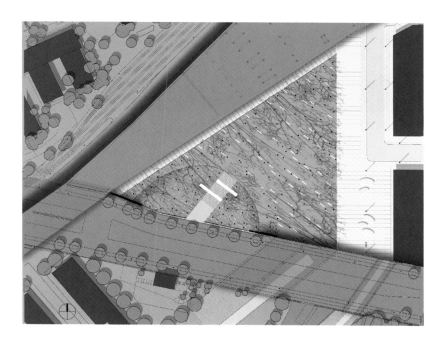

总平面图
向 ULAP 公园看

Rehwaldt）仍然种植了一些新的枫树以使公园的林木更茂密。公园也像一片林地，尤其是在场地的深处，那里的树木生长得更富有野趣，更加有机，而且无拘无束。

场地原有的古树和新种植的树，经过仔细地修剪从下层地被中脱颖而出，它们将这片公园定义到新的高度，以至于景观设计师雷吉娜·凯勒（Regine Keller）描述它拥有"近乎神圣的特征"。凯勒谈到曾获得德国 2009 年景观设计荣誉奖的 ULAP 广场，称其为"树林城市广场"。她写道，"这枝叶茂盛的树林和异于城市空间的存在，成为整个设计的决定性元素。"在所有景观设计师的作品里，植被在城市空间里占有如此重要的地位是很少见的。即使在花园和景观设计的历史里，这种树木繁茂的广场公园类型也是与众不同的。

景观设计师雷瓦德重新定义的空间类型是对这个地区多样历史的回忆。也许，这也是为什么许多游客仍然选择逃离这个地方的原因。夏季是公园最常被光顾的季节，游客们为了躲避城市的炎热而来到这里寻找树荫纳凉。然而，在一年里的其他季节，这个公园里最富有的树荫就不再那么受欢迎了。

为了充分理解设计，必须结合柏林中央火车站周围的新兴城市环境背景考虑 ULAP 广场。往北，到达柏林的游客可以直接从新城区的中央火车站去往莫阿比特监狱历史公园（Moabit Prison Historical Park）。往南，沿着施普雷河（Spree），他们可以在新的斯普林伯根公园（Spreebogenpark）探寻曾经人口稠密的阿尔森地区（Alsen quarter）遗址。往西，坐落着历史丰富的 ULAP 广场。一旦中央火车站周围的空地被填满，柏林火车总站(Humboldthafen)周围的码头区域都建起高层建筑，ULAP 广场就是一个独特的地点。那时它将不再是一个简单的包括总理花园（Chancellery Gardens）和施普雷河对岸的蒂尔加滕公园（Große

种植和长凳细部

"绿色大厅"
发光长椅夜景

Tiergarten）的风景区的延续，而是一个公园和一个有自身特色的城市空间，一个由古树群为标志的"绿色大厅"。

这些长椅的布局进一步强调了神圣的特征。与通常按照功能来布局，或者用作空间的分界不同的是，长椅被均匀地布置在树下，都朝着同一个方向，朝向同一个台阶，就好像那里是一座祭坛。与台阶所表现出来的意境不同，座椅的安排不是为了敬畏场地的历史。雷瓦德设计的这些座椅没有椅背，可以方便人们面朝任意一边就座：或是面向柏林历史的深处，或是面向欧洲中部最重要的铁路枢纽之一的现代世界。

台阶位于树林的中部区域，如今有一部分被树根穿破了，而已有 130 年的菩提树见证了这片地区多变的历史。在东西柏林被划分之后，这个地方几乎被遗忘。几十年来，由于它靠近柏林墙，并且毗邻城市的铁路线，植被肆意地生长着。在 19 世纪末，人们开始聚集在那里欣赏宇宙的未来技术；1925 年以前，人们在电视塔旁边的场地上建起的商贸展览馆举办了贸易、卫生、艺术和技术展会，但第二次世界大战摧毁了几乎所有的建筑和展览馆。甚至在那之前，这个地方已经成了死亡之地。1919 年，附近莫阿比特监狱（Moabit Prison）的斯巴达克思同盟（Spartacists）被杀害后秘密埋葬在这里。1927 年，在城市铁路电气化工程施工中，这里发现了 126 具尸体。德国国家社会主义工人党（National Socialists）在这片地区规划建设了世界上最大的航空博物馆，并且直到 20 世纪 60 年代，作为当时展品遗物之一的一个多尼尔飞行船（Dornier flying boat）仍然可以看到。

在后来被摧毁的玻璃宫殿的地下室里，纳粹冲锋队拷打他们的反对者。1945 年，在第二次世界大战结束前不久，政治犯和 1944 年 7 月 20 日密谋案（七月密谋）的支持者被带到 ULAP 场地，被纳粹党卫军枪杀了。

1951 年，展览遗址被拆除，直到 2005 年由柏林州政府发起的一个景观设计竞赛才结束了场地一直荒废的命运。

获胜的设计方案是由雷瓦德景观建筑事务所（Rehwaldt Landschaftsarchitekten）设计，它恢复了人们与这片城市空间的联系。雷瓦德创造的这个树木繁茂的空间，不仅使场地的历史渗透到整个公园，而且没有引起特别的注意。今天，许多树木增添了 ULAP 广场的特质，这些树木也深深植根于德国这段特定的历史阶段。（Thies Schröder）

新旧台阶

城市内外的绿色[1]——城市边缘的特征

Green between Inside and Outside
Notes from the Edges of the City

德特勒夫·伊普森（Detlev Ipsen）

在城市里有两种绿色开放空间：一种是规划设计过的空间，如纽约的中央公园或者是柏林的蒂尔加滕公园（Tiergarten Park）；另一种是城市剩余空间，如岛屿或线性空间。城市的绿色空间往往以一种农家庭院的形式出现，其作为国有土地常常成为抵制城市发展的力量，或是作为旧铁路线周边地带，为未来可能的交通规划而保留。城市的绿色空间也来源于曾经的城市边界，随着城市的不断蔓延交替延伸。在城市进程的增长环中它们不断地证明自己，有时作为休闲用地，有时作为城市荒野，有时作为私人花园：开始是不被注意的花园，然后被容忍，最后甚至可能合法化。当城市的公园和休闲娱乐管理部门宣布这些区域为正式绿地的时候，这些绿地就合法了。这些绿地后来成为口袋公园（pocket - sized parks）。城市绿地也可以出现在城市铁路或高速公路边，或者是预留给新的住房和城市基础设施项目的空地边，这些项目由于资金问题而被搁浅或者从未实现。从这个意义上说，绿色空间通常是（虽然不总是）曾经的边缘和边界，是一个介于内与外之间的空间。人们看到的城市边缘越多，就越能理解城市绿地作为"周边现象"的重要作用。 通过对边缘的分析和搜索，可以发现城市进程中的剩余空间。娴熟的城镇和景观规划师会隐瞒这些发现，以避开投机利益，合法地保护这些剩余空间，然后通过创造性的设计赢得当地居民的支持，从而为当地社区提供实际

在孟加拉国的达卡，移民们在城市里建造了一个村庄

的保障。但是，什么是边缘？我们如何理解并诠释它们呢？这篇论文将是一个途径，寻求超越私人花园、公园和林荫大道的途径，并在城市中寻找绿色空间作为城市进程的周边现象。

一个人最有可能在不熟悉的城市中发现这样的边缘：我们所走的路还没有用旧，如果向右边走，可以发现一个两层楼旁边的休耕地、两三个毗邻铁路的小花园、一个废弃的信号箱和一个生锈的工厂大门，工厂早已不经营了。再向前走一段，两片新建住宅矗立在一个仓库边，旁边是半个农民房。如果我们正在漫步的这座外国城市不在中欧，而是在中国的南方，那么原则是相似的，但也有其他的要素。你会看到在废弃地附近的超市旁有制作双层床的小作坊；一个大型建筑工地紧挨着一块狭窄的水田，沿着水田的长边坐落着几个小棚屋，后面是三座后现代的城市别墅，控制了整个视线，它们反过来围合起这块绿色湿润的土地——位于城市中心的一块水田。

无论城市的边缘在哪里，总有一些模糊不清的东西。边缘是人们发现的，也许不是全部，但肯定有许多元素存在于城市的其他地方，相互毗邻。边缘既不是郊区的别墅，也不是工人的住房，既不是工业厂房，也不是花园的土地。街道有时处于良好状态，有时几乎不能通过。那些经常出现在城市边缘的人穿过了一个以同时性为特征的空间，一条经过城市基本粒子的发现之路。对于局外人来说，这种同时性引发了焦虑和好奇的混合产物。当找到能够带我们回到熟悉的区域（中心或次中心、工人和雇员的住宅区、城市别墅和购物中心）的大路时，我们会如释重负。然而，对于城市研究者来说，城市内部和周围的边缘有一种特别的魅力。不仅仅是因为经过一点练习，我们学会了像各种生活在那里的人们一样自由地四处走动：在世界各地，有些人向上移动，有些人向下移动，有些人被边缘化，还有些人在冒险。不，这不是原因。这是因为在这里，可以最清楚地感觉到城市的脉搏，可以很容易地看到运动的逻辑，或者至少比其他地区都更容易识别，其他地区只揭示了整体中的特定方面。

边缘和边界

边缘（edge）总是一个边界，尽管一个边界并不总是边缘。边界（boundary）是一条线，无论是想象的或是真实物质的，而边缘是一个带或者条。一个边界将一个与另一个分开，并为每部分描绘它们各自的空间。在乔治·西梅尔（Georg Simmel）的空间社会学中，边界起着关键作用。由于空间总是在社会层面被分割，边界具有表达这种分离的功能。由于某一群体在其指定空间内实现了愿望，所以这个空间反映了该群体的特点。因此，将一个空间与下一个空间分开的边界，可以被认为是该空间自我概念的组成部分。"我们总是认为一个社会团体在某种意义上占据的空间，或者以其他方式占有的空间，表达和加强了群体的统一，同时这个空间也在同样程度上被这个群体所塑造。在一个实体周围形成一个连续边界的框架，对于社会群体的影响实际上与绘画非常相似。它执行两个功能，实际上是同一件事的两个方面：它既把艺术作品与其周围环境分开，同时又嵌入其中"（Simmel，1995，p.138）。虽然西梅尔确实强调了内部和外部的双向互动作用，但他并没有对城市边界和城市的内外边缘进行明确的区分。最近，彼得·马库塞（Peter Marcuse）进行了一个有趣的尝试，通过检查城市边界来确定城市的内部结构。他区分了封闭的边界（监狱墙）与排除他人的边界（路障），区分了帝国主义的侵略墙与为保护特权集团的利益而建的边界（粉刷的墙壁）（Marcuse，1998）。尽管这种类型具有相关性，但在本质上，它仍然是尝试用一种僵化的模式来捕捉城市的内部结构和活力。尝试靠经验来确定在一个城市内部或城市与其他空间之间的界限，已经被证实了是多么的困难。为此，统计数据的使用较有限，因为它们最多只能表示在一个空间单位内，某些特征的频率增加。符号学的观察同样不是很有前途。一个年轻的城市规划者试图确定法兰克福两个社区之间的边界，是以各自地区的单个建筑物或公共空间的特征为描述，但无法找到合适的边缘描述，很简单，因为在现有的规划术语中缺乏适当地描述它们的方式。尽管城市被许多边界清楚地划定，但其中很少可以被明确地界定。弗朗茨·约瑟夫·德根哈特（Franz Josef Degenhardt）的歌词"Spiel nicht mit den schmuddelkindern, geh doch in die obserstadt, mach's wie Deine Brüder ..."（不要与街头小丑玩，跟随你的兄弟，去上城），揭示出地形区位和社会阶层划分之间清晰的对应关系，尽管这是规则以外的。然而，在 19 世纪的城市，这样的社会分裂可能比今天更加明显：铁路边的建筑经常把中产阶级的社区与无产阶级的区域分隔开来。同样的，很多新城的下城与上城彼此明显分离，在许多工业城市，西边是为中产阶级保留的，而东边是留给下层阶级的。

　　然而，城市的发展越快，其增长受国家干预和投机利益的影响越大，边界越不明显。同时，边缘地带变得更加重要。在 19 世纪欧洲城市的快速增长过程中，没有时间去制定明确的边界和进行文化稳定的空间划分。投机性的城市扩张只是跨过了妨碍快速发展的区域，这都归因于不明确的产权或自然地形特征。同样，城市扩张往往只是绕过现有的村庄，在很多案例里，这些村庄很长时间以后才被纳入城市。因此，内部边缘地带开始出现。这一现象在开罗、圣保罗或广州等快速增长的城市中得以体现。在这里，人们更加敏锐地意识到，边界的概念和表现深受欧洲和亚洲中世纪城市形式的影响。在日落时关闭城门的城墙或贫民区，是城市结构缺乏活力的一种空间表现。

　　但是，边缘与边界有什么区别呢？首先，边界是在象征意义和物质实体方面都明确的，而边缘则是模糊不清的；第二，边界明确界定了社会空间单元，与此相反，边缘通过合并各

方面而把各个社会空间单元连接起来，这就是边缘模糊不清的原因，或者换句话说，边缘是一个同时性（simultaneity）的空间；第三，边界几乎总是一条线，而边缘占据了一块带状区域或其一部分，因此，边缘可以为各种活动提供空间；这就引出了第四个重要的区别特征：边缘是较不受限制的空间，而边界则受到高度管制，无论是在文化上、社会上还是物质实体上。因此，边缘是有潜力的空间，而边界试图阻碍潜在的变化。为此，边缘是一个可以演变的地方，今天到访过这些地方的人必须记住，明天他们可能几乎认不出这些地方。边缘是一个时空概念，它的同时性既是相邻空间的同时性，又是不同时代的同时性。边缘可以通过是否有包容能力来界定，这是由于其开放性和缺乏界限造成的。边缘不仅很难掌握，会沿着一个或另一个方向扩散，而且它们的未来仍然是开放性的：有时它们被遗忘，有时它们成为城市混乱的中心，有时它们成为体现城市新范式的地方。

边缘特征 1：内部的外面

这类城市的规模、地形和城市布局是这样的：传统的通往乡村的城市边缘位于城市内部，在城市的中心地带。可以预料，这类城市通常比较小（小城镇不在我们对城市边缘的讨论之列），它们建有城堡或者教堂的小山清楚地描绘了它们所在的位置，面对着农村地区。一个人在星期天登上这座山，或者带游客到山顶，可以清楚地看到整个城市及其与周围乡村的关系。在一些城市（卡塞尔市就是其中一例）中，城市中心就是以这种方式在几个地点向周围

在中国广州，城市扩张侵蚀了以前的农业用地

的乡村开放，好像是通过一个框架投射到城市的喧嚣中。在一些案例中可以很明显地看出，城市居民把乡村景观视为城市的本质属性，不是仅仅把它作为周边环境，而是作为城市自身的一部分。绿色的周边环境渗透进城市本身，人们对城市边缘的看法绿化了城市本身。精心编排的公园与草地、高山牧场和田地无缝衔接，与居民认为城市里品质最好的地方是乡村的想法相契合。以卡塞尔市为例，这种品质是通过功能主义建筑和城市规划，为经历轰炸的市中心和消除其残存的城市品质提供了一些安慰。

边缘特征 2: 过去的边缘

　　大多数的欧洲城市起源于相对较小的中世纪城市的雏形，以一系列几乎没有识别特征的边缘为标识，这些边缘像增长环一样，直到今天仍然是城市发展的指示器。可以说，它们提供了城市的可识别性。每一个曾经的边缘，就像是城市编年史中的一页。在许多案例里，一个名字就是一个过去的边缘存在的全部证据。如一条名为"花园街"的街道,却没有任何花园,略经研究后才发现,它们曾是城墙外条形花园的一部分。同样,一个名为"环路"或"城墙街"的地方可能在早期建有防御工事。 一个名为"Woodacre"的社区，很可能是城市居民曾经养猪的地方，还住着各类平民，提醒着人们这里在成为前工业化城市时，农业与贸易和手工业一样占据着重要的地位。当时，城市和自然是同一单元的组成部分，人们和他们的动物以同样的方式生活在一起。只是到了后来，农家庭院的味道成了乡村的标志。

　　这些曾经的、现在早已扩散的边缘地带在今天仍然依稀可辨，它们以花园、古树群和被遗忘的口袋大小的地块形式，出现在偏僻的城市荒野中。在很多案例里，几处淹没的边缘正好可以形成一个新的单元。在某种程度上，对过去边缘的辨认主要是在学术领域内，然而我们不应该低估这些过去的历史痕迹对城市中某一区域的氛围的重要意义。在城市系统中，这

在德国马尔堡（Marburg），一个中等规模的大学城，从周围的一座小山上可以清楚地看到该城是如何嵌入乡村的

些过去的边缘仍然是城市内部持久稳固的骨架。新的城市发展已经大大超越了它们，它们的存在可能会显得多余甚至是有害。当城市规划没有兴趣或缺乏动力拆除它们，以腾出空间来重新使用时，它们会持续存在，形成口袋式的绿地，为一个不可知的未来提供了巨大的潜力。在民主德国，新的发展在世纪之交跃过了城市区域，社会主义的新屋出现在城市的新边缘，而 19 世纪的郊区则逐渐荒废。东德和西德统一后不久，在爱尔福特（Erfurt）进行的一项研究清晰地表明这些早期的边缘地带是如何为新兴的资本主义企业（小印刷厂、汽车修理车间、商店和办公室）提供了一个新的家园。在许多案例里，它们都是城市早期边缘的孩子或孙子。[2] 因此，绿色空间总是暂时性的，它们为之后的发展提供了潜在的地点。同时，它们还是长满灌木、树木、草和动物的地方，因此对新的住宅或办公楼有积极的美化作用。

因此，城市边缘是在保留与发展之间，处于一种持续的张力和波动的状态。过去的边缘可能被遗忘或忽略，而新的发展则跃过它来创造一个新的边缘。之后可能发生的是，新的边缘失去它的吸引力，而老的边缘成为潜在的和更新的焦点。

投资的注入带来城市更新，反过来又提升了曾经被遗忘的边缘地带。老居民搬出去，新居民搬进来，曾经的边缘逐渐失去了自身的特征，以边缘的向心力融合进城市。

边缘特征 3：边缘和康德拉捷夫周期[1]

康德拉捷夫为资本主义经济的长期发展创造了一个广泛认可的模型。根据他的模型，经

---

[1] 指平均时长约为 50 年的经济周期，也称作康德拉捷夫长波。他在著作《大经济周期》（1925 年）及同一时期的其余著作中提出了这一观点。尼古拉·康德拉捷夫（Nikolai Kondratiev，1892 年 3 月 4 日—1938 年 9 月 17 日），苏联经济学家，提出康德拉捷夫长波，认为资本主义经济发展过程中存在着周期为 50 年左右的景气与萧条交替的长期波动。——译者注

在德国的卡塞尔，城市中心向乡村开放，仿佛是通过一个框架投射到城市的喧嚣中

济增长的周期是由于在相当长的时间间隔内出现的所谓的基本创新。一旦创新已经建立和成熟，经济增长开始减弱，预示着一个危机的爆发。 一个新的基本创新意味着下一个周期的开始。这一理论提出了许多问题，并引发了广泛的研究，其中包括创新所必需的地理条件。一个重要的观察集中在城市的边缘，或者是在特定城市的特定边缘：在工业化时代，发展并不总是发生在城市内部，而是在它们的边缘。这一现象的原因是多种多样的，但是已经被反复证明的是，无论是居住在城市内的贵族还是行会，长期以来都成功抵制了在城市内建立工业。对于贵族而言，噪声和工业流水线与他们高贵的生活方式格格不入，而行会则担心在市场空间和劳动力市场方面的竞争。因此，在条件合适的情况下，工业设施常常建立在城市郊区的村庄边缘。企业家可以雇佣农民的子女当他们的劳动力，他们也确实不得不自由地出卖自己的劳动力。其他研究结果也表明，这些边缘比城市中心区、老住宅区或商业区更适合创新。

边缘是城市卫生基础设施（污水处理和给水工程）的所在地，这也是 19 世纪城市机械发展最有效的机制。城市从边缘向内发展成为一个技术管理体系，其居民第一次从变幻莫测的自然界中解放出来，后来又疏远了自然。煤气厂和后来的发电站也建在城市的边缘，这使得城市里不管是白天还是晚上都可以使用这些设施。它们为随后所有的发展奠定了基础，创造出当今以舒适和便利为特征的城市生活。

铁路，由于可以加速商品和货物的分配，使其成为后来所有创新开始的标志。在城市中心，铁路需要的空间不仅不容易找到，而且没有人会特别喜欢它们，至少在开始的时候。因此，它们也位于城市的边缘。火车站，通过其金碧辉煌的大厅来突显它们新的重要性。火车站也常常作为整个城市现代化开始的标志，不仅在最明显的巴黎。由于各种原因，奥斯曼（Haussmann）拆毁了巴黎许多中世纪的建筑，取而代之的是一个网络状的林荫大道，创建了一个新的城市模式。其中一个重要的原因就是将火车北站（Gare du Nord）与城市南部和西部的火车站相连接，以减轻货物运输压力给城市发展带来的严重影响。

在汽车的发明和大规模普及后，环形高速公路迅速成为新的边缘，并被证明比以往任何时候都更有效地分离和连接城市内外。汽车修理车间、轮胎仓库、废车场和加油站纷纷涌现。沿着加油站，还建立了大型购物中心，从而反过来又影响贸易的分配，直到后来成为城市生活的一个核心方面，预示着城市和区域中心的根本变化。

这一清单还可以继续下去，而且电子产品的快速发展也发生在城市的边缘。人们只需要想想硅谷或在格勒诺布尔（Grenoble）以外的新科技园就可以。

为什么城市边缘注定成为创新发展的区域呢？一个很平常但却很重要的原因是，只有在边缘才能找到新技术需要的足够空间。一些新兴的、易造成污染或有危险的技术，放在城市

边缘比在城市中心区有更少的阻力。权力和影响力集中在城市的中心，而不是城市的边缘。在城市郊区生活和工作的人很少是精英阶层的一分子，相应地，国家干预在城市边缘比城市中心更加宽松。在城市外围，一个工人在他的车间里进行焊接，不会像在城市中心那样，因为向溪沟过量排放化学废品而被抓到。在城市的旧边缘和新的边缘地带，由于缺乏国家干预，往往会产生多种功能用途。同样，调查显示，在工厂仓库和城市干线之间的植被比城市外农业用地上的植被更为多样化。[3]

边缘特征 4：被转移到城市边缘：国际大都市巴黎

除了我独自游览过多特蒙德的郊区外，没有其他城市像巴黎一样能够把我吸引到城市的边缘。我和学生们一起从巴士底狱走到第二次世界大战后的大型社会住宅区（Grand Ensembles）。穿过巴黎玛莱区（Marais）犹太人的面包店和肉铺店，再通过巴黎北站（the Gare du Nord）和圣心大教堂（Sacre Cour）的葡萄园，穿过周边隔离带（périphérique），通过建有温室的田地和护卫犬，直到桑塞尔（Sancerre）出现在地平线上。我们已经读过关于自杀和毒品、暴力和破坏、损坏汽车、小型反抗、与警察发生冲突、绝望的社会工作者和铁窗的文字，这些怎么可能发生在巴黎，在这城市的边缘？一些巴黎本地的家庭被迫搬离市区，与他们的生活圈子告别，被重新安置在新建的郊区，在地域管辖的层面，这些新区不再属于巴黎。[4] 这是一个城市内外对应关系（correspondence）的谎言。几十年来，租金控制措施使得低收入家庭居住在巴黎成为可能。低廉的租金是法国政府对人民在与德国进行的两次世界大战中表现出的忠诚所给予的回报。在两国之间的长期和解变得清晰后，巴黎的精英们认为不再需要以这样的姿态来对待人民。巴黎需要成为欧洲最重要的大都市，与美国相提并论。城市空间需要留给文化设施（蓬皮杜艺术中心），而不是集市大厅；塞纳河岸边不再需要更多的经济适

城市卫生基础设施通常位于城市的边缘，如污水处理设施

用房，取而代之的是一个新的中央商务区。同样，需要吸引新的购买力和消费者到巴黎，这就需要新的火车站和后现代公园。没有一个明确的规划，也没有谋略，只有一种趋势和一系列振兴措施……伴随着缓慢却明确的政治压力，租金控制逐渐提高，那些负担不起房租的人必须搬离。国家为这些搬离市中心的人们提供了位于城市边缘的社会保障房，这些房子都在由建筑师设计的现代主义住宅街区里。在这里，游行示威和动乱是不受欢迎的和不需要的。新闻报道鼓吹要反对这些可以"杀人"的建筑。取而代之的是要建设新的美丽城市，实际上也确实被建起来了，这次不是现代主义，而是后现代主义。一个新的边缘出现了，现在中产阶级也因无法承受租金而被迫离开了巴黎市中心。今天，巴黎是一个美丽的大都市，游客人均数量居世界第一。居住在城市边缘的人们不再算是居民，但他们也进入城市，有时是作为服务员和公共汽车司机，有时是作为坐在地铁站边等待抢劫游客的失业青年。

　　这种内部和外部之间的对应关系，可以随处找到一个类似的形式，比如巴塞罗那，一个新的滨水城市，在市中心有一个新的火车站、著名的广场；在通往梅塞塔台地（Meseta）的郊外的喀斯特峡谷区域，那些低收入、住在社会保障房里的人们，他们与高速公路、水泥厂和加油站为邻。

　　城市内外发展的社会和建造辩证法，与绿色空间的辩证法是一致的。在城市的中心，绿色空间是罕见的，尤其是在巴黎，绿色空间常常在山的陡峭的斜坡上，在后庭院，在阳台上和车库之间才可以看到。种植时间越长越随意的植被，越能展现出更多的多样性和美学魅力。巴黎市内的绿色空间为梦想提供了空间，刺激了想象力，还可以让人惊喜。 在城市周边隔离带（périphérique）与第二次世界大战后的大型社会住宅区（Grand Ensembles）之间，绿色空间变得更加广阔：仍然可耕种的田野、休耕地、在仓库和废弃的院子之间的绿化带，然后当你到达大型社会住宅区时，它们又转变为草坪、路边绿化带和小树的形式，然后再次消

法国巴黎北站，19 世纪的火车站标志着整个城市现代化的开始，法国首都就是一个突出的例子

失在凌乱的小块绿地和垃圾遍地的绿化带中。城市发展的历史可能会导致城市空间里社会和生物指标之间的相关性：在巴黎市中心，人们会发现一个高阶层的社会群体、高地价和租金，以及有悠久历史的绿化区域，植物多样并且美观；在城市边缘地带，平均的社会地位与地价和租金一起开始下降，植被变得越来越单调和缺少美观。

边缘特征 5：幸福的边缘和城市化的乡村

　　巴黎、马德里或汉堡郊区的社会保障住房，不能作为中欧大部分地区、西欧和美国部分地区的城乡边缘现状的和规划中的郊区发展的代表。对许多城市居民来说，他们所追求的不是城市环境，而是郊区的生活方式，最理想的是在城郊边缘。在 20 世纪 90 年代，穿过柏林上空的夜间飞行提供了一个在中欧很少见的景象：一个有着明确边缘的灯火辉煌的大都市。一方面是西柏林的遏制；另一方面是东柏林的规划政策，使得柏林人几乎没有什么空间来实现在郊区绿化带内拥有自己房子的梦想。西柏林的居民不得不进一步走向汉诺威附近的温德兰（Wendland）或黑森州北部的山丘，而在东柏林的居民可能会幸运地在柏林以东的马奇斯森林（Markisch forest）找到一处周末度假的房子。在德国统一后，追求梦想中房子的愿望迅速遍及整个城市。在几年时间里，柏林，像大多数其他的德国城市一样，被城郊住宅区围成的环所包围。这不仅仅是对可以按照自己的意愿建造自己喜欢的房子的渴望，同时也作为一种整体的生活方式，吸引人们到城市的边缘。这是一个孩子可以健康成长的地方，人们可以照料自己的花园，可以装饰尤其是扩建自己的房子，如加建一个小工作坊等等。社区的规模和秩序与城市的不可穿越性形成了鲜明的对比。道路和花园是有秩序的，问题和混乱都被隔离在自己的四面墙内。这里的绿化带是整洁的，并且由维护良好的草坪和紫丁香灌木丛组成。在几年的时间里，沿着这个边缘地带发展出了第二个边缘。一些村庄的边缘也被慢慢地城市化，乡村连排别墅和城市化的农舍成为这种新的郊区生活方式的特征。这里的居民重视乡村的氛围和广阔的乡村休闲娱乐。这种生活方式包括诸如马牧场和农舍之类的元素，像美国大农场用漆成白色的栅栏把自己与平常的农业用地、露天游泳池，以及农家商店里的食物和蔬菜分开。与城市的象征性距离，不过是辅之以与城市之间的高交际互联（communicative interconnectivity）。在一些村庄经历的保护中可以看出这种趋势有多强。从 20 世纪 70 年代开始，雄心勃勃的市长甚至要逆转现代化：用充满回忆的乡村道路代替宽阔的、四通八达的大路，用半露木的结构代替覆盖的立面，开敞的溪流被新建的浅滩穿过，还建造了天然游泳池和网球场，音乐会在有回廊的内院里举行……[5] 如果我们看看这个环境中的绿色空间，就会发现从鹅卵石中间萌发的绿芽、农民精心维护和种植的花园、溪流边的杨柳、池塘边的芦苇和沿着花园围栏生长的接骨木。从选择的植被来看，他们似乎在用一个乡村的幌子来装扮一个新兴的城市。

边缘特征 6：城市从边缘处生长

不断扩大的城市持续产生新的边缘是不足为奇的：新增的人口到底生活在哪里？毕竟，一旦城市内所有可能用的空间被耗尽后，唯一剩下的空间就是边缘。然而，在边缘特征 6 里，我们假设另一种情况：在世界上大多数扩张的城市里，规划程度和经济规模是相对小的，相比之下自我调节的程度则相当明显。自我调节意味着：首先，自己做，不要等它完成；第二，要积极与他人协商以平衡利益；第三，与地方政治和规划保持积极的联系。城市的边缘具有自我调节的最大潜力，正是从这里，而不是从城市中心，经济、社会和文化的推动流，一方面使城市增长，另一方面导致城市生活方式的发展。

为了验证这一假设，多年来我们在雅典收集了实证材料，后来又陆续在马德里、圣保罗、伊斯坦布尔、开罗开展研究。在雅典的案例里，边缘是一个正在由荒野或雅典风格的农田转变为城市空间的地方。在这里，后现代的城市结构是一种在传统与现代之间相互妥协的产物。牧羊人仍然把羊群赶出去放牧，或者相当成功地参与土地投机活动。另一些人在郊外建了一座避暑小屋，以躲避雅典的炎热。铺设道路，建造工厂并且收获橄榄。[6] 这个城市是怎样从这里出现的？谁在这个新的荒野中建造出已经看到和听说的典型的六层房子？这里可以毫无疑问地说，没有总体规划，没有指导思想，一切或几乎一切都是自我调节的。城市自我建设。这同样适用于植被：它随着季节而生长。城市绿地包括保留的橄榄种植园、曾经属于农民的蔬菜园、仍然用作放牧地的草原，以及允许休耕的陡峭斜坡。在这里，城市绿地是前农业景观的遗迹，以及再度出现的地中海荒野。

边缘特征 7：尽管不是无处不在，但是边缘变得越来越普遍

我第一次意识到它是在鲁尔的卫星城：从杜塞尔多夫机场到埃森，我的印象是就像穿过一系列的边缘空间。这种现象现在可以在许多地方找到，边缘空间正在变得越来越普遍。如果一个人需要跨越莱茵—美茵区域，他可以仅通过穿越边缘空间就可以到达。这种情况类似于曼海姆（Mannheim）附近的南部，也类似于斯图加特附近或者莱比锡和哈雷（Halle）之间。然而，假设这些与我们已讨论的边缘是一样的，那就错了。尽管这些也有同样的模糊感，但新的边缘缺乏对应关系：它们与哪个城市相关，它们与哪一部分对应？也许，边缘的价值现在已经被认可：它作为一个和另一个之间的桥梁，作为一个沟通的混乱舞台，既是荒地又

是具有潜力的空间。也许，规划师们已经开始创造他们自己的边缘了。莱茵—美茵区域公园就是一个这样的尝试：它是一片绿化带，蜿蜒穿过莱茵河河谷，用它自身的鲜明特征来增加场地的价值；雕塑家们设计了地标，一个方案是一个古老的瞭望塔，另一个方案是一个金字塔，从塔里面可以看到法兰克福的摩天大楼；绿化带连接的地方是令人愉快的，甚至是富有诗意的地方；公园经常在周日作为休闲区，人们可以在这里鸟瞰整个地区。如果它可以被认为是一个边缘空间，它就代表了一个运动和放松的休闲空间，它对应的是工作日里令人无感的工作场所。它的功能是美学和冥想，当然不是无序的。

　　一个仅用于人们穿过的空间越来越成为边缘空间，托马斯·西韦特 (Thomas Sieverts)[①]已经从另一个角度观察到"夹缝城市"（或者叫"Zwischenstadt"）[7]的出现，它可能与西方世界的一种新型城市聚落的发展有关，类似于一个几乎没有层次结构的网络，并且本质上可以理解为一个流动物质的空间。这些物质可以是信息、人、活动、物资、材料或能源。如果这些新的城市空间能够建立，它们的边缘将位于网络的薄弱区域，相应的具有不同的特征。神经学家辛格（Singer）将城市的功能与大脑的功能联系起来。大脑不包括固定区域，而是可以相互替代的协调中心，在这个意义上是多用途的。这些新的城市居民区的边缘，也许是替代网络和协调中心用以积累那些不再需要或者还未投入使用的空间：具有控制功能的边缘空间。

---

① 　德国建筑学家和城市理论家托马斯·西韦特（ThomasSieverts）指出："这种扩散的都市生活（他称之为'夹缝城市'，德语为 Zwischemstadt；英语为 in-betweencity）快速成为 21 世纪富裕和贫困国家的决定性景观"。选自托马斯·西韦特，《无城之城：对夹缝城市的解释》。——译者注

德国柏林—马灿（Berlin — Marzahn）的社会主义混凝土板预制建筑，柏林的独特之处在于它是一个没有边界的城市，直到东德和西德统一

边缘和城市理论

这篇文章的假设是，城市的边缘和前边缘是人们最清楚地可以检验城市植被的地方。城市发展的动态、城市的建成结构和社会结构，与当前的城市绿色空间之间存在着某种联系。可以肯定的是，边缘提供了一个了解，或更容易理解城市进程的大门。同样，城市中的绿地，一般来说，通常是由于城市进程而不是（或不仅仅是）作为城市公园和娱乐部门的产物而出现。

虽然人们不能假设一个边缘理论，而只能用功能、美学或政治术语去描述它，但是，对边缘的检验确实与城市理论有关，或者更确切地说与城市的动态理论有关。第一个城市理论是 19 世纪末在芝加哥制定的，它提出了一个社会生态模型，其中土地利用的动态从内向外扩展了几个环。商业和商业区位于城市的中心，被移民和亚无产阶级的区域所包围，保留了边缘给中产阶级。通过渗透、演替和不断变化的社会—文化的影响，该系统一直处于不断变化之中。[8] 这一理论经常遭到批评、推翻和证实，已经没有什么需要补充，除了注意到这是第一次以内外之间的张力来看待城市的动态。在这一理论中引用的词汇，包括渗透、继承、支配，也并非来源于社会学，而是来源于植被学。这里用一个植被发展模型来分析城市的社会空间结构。在这里讨论城市边缘的动态，这可能被看作是激发了讨论社会的、物理的过程与生物过程之间的关系。这里需要强调的是，本文中的讨论，仅仅是假设和学术猜想。这里阐述的主张不应被视为事实，而是作为批判性讨论和验证的基础。

从理论的角度来看，边缘和城市之间的对应关系是一种现代化的辩证法，其在差异化和叠加之间、开发和贬值之间、变革和坚持之间相互转变。在这方面，我们只研究了现代城市的边缘，并没有讨论中世纪和巴洛克式城市的边界、边缘和城墙。然而，有理由认为与现代城市相同的模式特征，在老城区的普通土地地块和隐藏的犹太墓地中是显而易见的：城市的社会形态、建筑结构和城市绿地之间相互交织、互为条件，与其他任何东西相比，都是短暂的。

1　Revised and extended version of »Zwischen Innen und Außen«, first published in: Johanna Rolshoven (Ed.), *Hexen, Wiedergänger, Sans-Papiers, Kulturtheoretische Reflexionen zu den Rändern des sozialen Raumes*, Marburg, 2003, pp. 37 – 49, and in: Thomas Krämer-Badoni, Klaus Kuhm (Eds.), *Die Gesellschaft und ihr Raum*, Opladen: Leske + Budrich, 2003, pp. 197 – 214.

2　See Detlev Ipsen, Thomas Fuchs, »Die Zukunft der Vergangenheit. Persistenz und Potential in den Altstädten der neuen Bundesländer, untersucht am Beispiel Erfurt«, in: Hans Bertram, Stefan Hradil und Gerhard Kleinhenz (Eds.), *Sozialer und demographischer Wandel in den neuen Bundesländern*, Opladen: Leske + Budrich, 1995.

3　See Herbert Sukopp, »Flora and Vegetation Reflecting the Urban History of Berlin/Flora und Vegetation als Spiegel der Stadtgeschichte Berlins«, *Die Erde* 134 2003 (3) Regionaler Beitrag/Regional contribution, pp. 295 – 316.

4　For further information see Detlev Ipsen, »Paris vom Rande her gesehen«, in: Françoise Hasenclever and Claus Leggewie (Eds.), *Frankreich von Paris aus-ein politisches Reisebuch*, Hamburg: VSA-Verlag, 1985.

5　For further information see Detlev Ipsen, *Raumbilder. Kultur und Ökonomie räumlicher Entwicklung*, Pfaffenweiler: Centaurus, 1997.

6　Sotiris N. Chtouris, Elisabeth Heidenreich, Detlev Ipsen, *Von der Wildnis zum urbanen Raum: zur Logik der peripheren Verstädterung am Beispiel Athen*, Frankfurt am Main: Campus, 1993.

7　See the *Zwischenstadt* series of publications edited by Thomas Sieverts http://www.zwischenstadt.net/start.html?page=publikationen/publikationen.html

8　Robert E. Park, Ernest W. Burgess, Roderick D. McKenzie, *The City*, Chicago: Chicago University Press, 1984.

参考文献

Berman, Marshall. *All that is Solid Melts into Air. The Experience of Modernity*. New York: Simon & Schuster, 1982.

Foucault, Michel. »Of Other Spaces«. *Diacritics* 16 Spring 1986, pp. 22 – 27.

Ipsen, Detlev. *Ort und Landschaft*. Wiesbaden: VS Verlag für Sozialwissenschaften, 2006.

Marcuse, Peter. »Not Chaos but Walls. Postmodernism and the Partitioned City«. In: Watson, Sophie; Gibson, Katherine (Eds.), *Postmodern Cities and Spaces*. Oxford, UK; Cambridge, Mass.: Blackwell, 1998.

Simmel, Georg. *Aufsätze und Abhandlungen 1901 – 1908*. Vol. I. Frankfurt am Main: Suhrkamp, 1995.

Sieverts, Thomas. *Cities without Cities: An Interpretation of the Zwischenstadt*. New York: Routledge, 2002.

Sieverts, Thomas; Koch, Michael; Stein, Ursula; Steinbusch, Michael. *Zwischenstadt – inzwischen Stadt? Entdecken, Begreifen, Verändern*. Wuppertal: Müller + Busmann, 2005.

多姆广场，汉堡，德国

Breimann & Bruun 景观设计事务所，汉堡，德国

汉堡的多姆广场（Domplatz）被认为是汉玛堡（Hammaburg）的遗址，该市的名称也来自于这个城市的发源地。可以肯定的是，马利安大教堂（Mariendom）矗立在这个地方超过 800 年了，被多姆广场这个直径约 140 米的环形城墙所环绕。多年来，这个居住点沿着城墙不断发展，成为我们今天所知道的内城。然而，在过去的 60 年里，这个重要的历史场地一直被用来作为一处用碎石铺设的临时停车场，这一状况随着参议院宣布将在场地上建一个临时花园的法令而结束。

建立临时花园的目的是为汉堡人民提供一处至少持续三年的休闲空间。尽管时间很短暂，但是设计仍然提供了一个机会，把场地的历史意义转化到今天。虽然场地有着丰富的历史线索和传奇记录（例如教皇的坟墓），但在易北河畔边的汉玛城堡（Domburg on the Geestsporn）仍然是最重要的历史遗迹。

新的城市空间由一个用钢板折成的雕塑墙来限定，雕塑墙是沿着多姆广场的轮廓设置，

多姆广场鸟瞰

建造任务：设计一个临时的公共花园

景观设计：Breimann & Bruun Landschaftsarchitekten, Borselstraße 18, 22765 Hamburg (www.breimannbruun.de)

项目位置：德国汉堡市 Domstraße – corner Alter Fischmarkt

业主：Freie und Hansestadt Hamburg

建成时间：2009 年夏

占地面积：7000 平方米

材料：8mm 厚钢板、亚克力玻璃、铜渣铺设材料

植被：草坪：日本槐树（*Sophora japonica*）

施工单位：景观：Klaus Hildebrandt GmbH；钢质雕塑墙：Odious Art Group；方形凳：Frerichs Glas GmbH

造价：120 万欧元

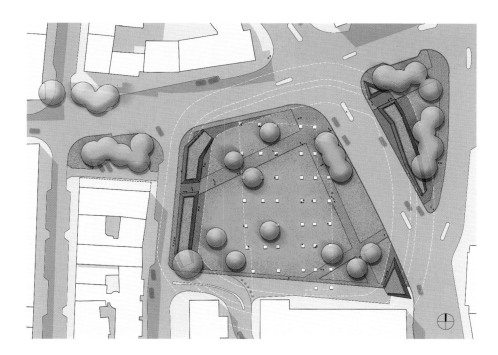

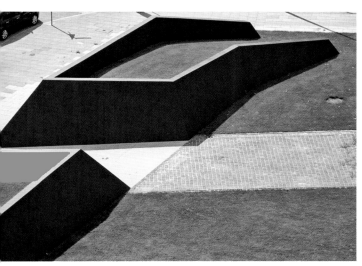

平面图

钢质雕塑墙

发光的方形凳

希望以此重现马利安大教堂时代的空间维度。一条连接市中心的步行道，经过圣彼得教堂（St.
Peter's Church）通往港口新城（Hafencity），从雕塑墙的缝隙中穿过。在它们的交叉口，
当游客走过这些钢板墙边，其沉闷而空洞的声音好像预示一座通往过去的桥。

由老城墙限定的户外边界形成了今天新的多姆广场——一处位于内城的绿色休闲场
所。在这里，距离商店的喧闹只有很短的距离，人们可以在新种植的树荫下（日本槐树，
Sophora japonica）、草地上放松休息。草地的柔软表面提供了有益的声学效果：它显著降低
了来自相邻繁忙公路的交通噪声。

点状的白色方形凳，成格子状布置在开阔的草坪上。凳子的位置就是曾经支撑马利安大
教堂的 42 根柱子所在的位置。这种由白色亚克力材料制成，有柔软圆角的凳子看起来几乎
一样，然而，如果靠近仔细观察，可以看到其中一个凳子的表面有一个窗口，朝里面看可以
看到曾经马利安大教堂的幸存遗迹：码头底座的遗存。

在夜晚，这些方形的凳子开始发光，给这个临时的花园增添了一些特色的光影，创造
出非凡的氛围，它们呈现出的三维形象让人意识到汉堡大教堂曾经的存在。（Breimann &
Bruun）

细部

夜晚发光的方形凳
钢质雕塑墙

布卡拉曼加，萨拉戈萨，西班牙

Aldayjover, Arquitectura y, Paisaje，巴塞罗那，西班牙
L'Atelier de Paysage，戈尔德，法国

　　布卡拉曼加（Parque del Agua）作为 2008 年西班牙萨拉戈萨世博会（Zaragoza Expo 2008）主办地，建在埃布罗河（River Ebro）上游蜿蜒的河道边。萨拉戈萨世博会的主题是"水与可持续发展"，城市最外围的三环路穿过世博会场地瑞厄拉河湾（Meandro de Ranillas），把场地划分成两个部分，一个 30 公顷的世博会场地，另一个是 125 公顷的新的滨水公园。

　　公园的设计围绕着一个由团队创作的故事展开，该团队以一个银色森林（场地的隐喻）作为出发点，然后扩展了这个概念。从森林中开辟出空地和草地，水道的流向遵循着农田灌溉的传统模式。其目的不是在场地上强加一个抽象的平面，而是让土地来表达它的特征：与建筑不同的是，景观并没有格外引人注目，而是表达这块土地的历史和其与居民的关系，它反映出河流和洪水对这片土地的影响。公园为河水的洪泛提供了足够的空间，并通过植被自然地渗透。正是在这里，河水的能量被减弱，并且开始形成滞洪区。场地上的建设区域和展览建筑位于高地上，而林木区域，即使在高水位时期，也可以不造成任何不良影响地被埃布罗河淹没。为了使这一想法成为现实，规划小组设计了一个由各种银色元素组成的调色板，包括植物、水、树木、石头、光线、阴影和反射。这些元素形成了公园的设计语言。

向布卡拉曼加公园看

建造任务：公共公园

景观设计：Aldayjover, arquitectura y paisaje: Iñaki Alday, Margarita Jover, Av. Portal de l'àngel, 3, 1º2ª, 08002 Barcelona (www.aldayjover.com); L'Atelier de Paysage: Christine Dalnoky, Patrick Solvet, Route de Murs, F-84220 Gordes (www.dalnoky.com)

项目位置：西班牙萨拉戈萨 Ranillas Meander

业主：Zaragoza City Council, represented by EXPOAGUA Zaragoza 2008

设计时间：2005—2008 年

建成时间：2008 年

占地面积：125 公顷

主要植被（选择）：水生植物：*Phragmites australis, Iris pseudacorus, Typha latifolia, Mentha aquatica, Butomus umbellatus*；河岸植物：树：*Populus alba, Populus nigra, Fraxinus angustifolia, Ulmus minor, Salix alba*；灌木：*Artemisia herba, Atriplex halimus, Cornus sanguinea, Ligustrum vulgare, Retama sphaerocarpa, Rubus ulmifolius, Stachys lanata, Tamarix sp.*；攀缘植物：*Clematis vitalba, Hedera helix, Humulus lupulus*

造价：7300 万欧元

总平面图
设计前的场地现状
设计后的场地现状

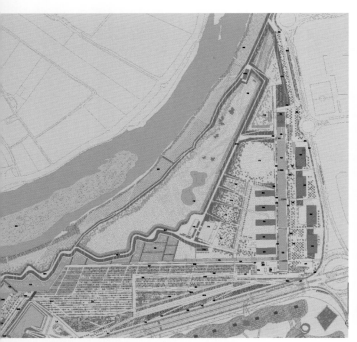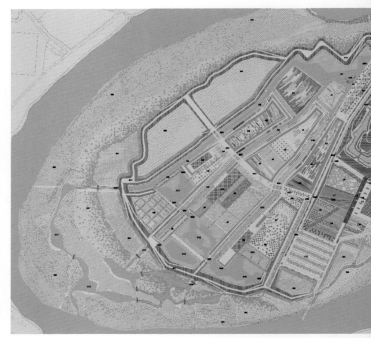

洪泛草地

项目最初的策略之一是将沿着蜿蜒河道的大片土地重新整合到河流中，为这个生态系统提供一个恢复和发展的机会。为新的滨河林地提供了一个缓冲空间，既可以被洪水覆盖，反过来又可以被河水浇灌和哺育。

该公园被设计为可以满足 25 年一遇的洪水。每 10-25 年发生的洪水，可以淹没河边的小路和河岸附近的低洼地块 展览馆和高 处的路径仍然可以保持干燥。

水系统

项目设计了一个特殊的水的分配和净化系统，利用地下水、埃布罗河水和来自里奥加莱戈河（Río Gállego）的拉巴尔（Rabal）灌溉渠水，灌溉渠遍布和灌溉了整个 2.5 公里长的公园，并且划分、连接、界定了不同的区域以及不同的用途。收集的水通过植物过滤提高水质，可用于沐浴和划船，在作为渗透水回到河流之前还可以用来灌溉。水被引入遍布整个场地的渠道，从而尽可能灌溉更多的区域，最大程度地减少耗水量。渠道系统里的水来自于三个不同的水源，最后汇入一个 25 米宽、400 米长的滞留渠，其与一条新的公共路线（Bulevar de Ranillas）相平行，这条路线与公园相连并且把公园与城市相连。沿着这条新的大道，建造了供游客使用的新建筑，以及给公园和世博会用的管理用房。

水处理渠从滞留渠的末端开始，并以一条 8 米宽的水道流淌，在其南侧还有一条 4 米宽

北区详细规划平面图
南区详细规划平面图

有防波堤的湖
灌溉蓄水池边的藤架

的道路。水处理渠和小路沿着公园上方 4.5 米高的路径流淌。水处理渠是一个 270 米长的自然小径，可以俯瞰部分水处理池。剩余的水流向湿地，在那里通过渗透进行净化处理。蜿蜒流淌的渠道系统，沿着早先的农田灌溉渠把公园的主要区域再细分，最后流入洼地。这些渠道还产生了一个两层的路径系统：一层是在渠道内的水边道路；另一层是与地平面齐平，沿着农民原始工作道路上升抬高的路径。

植被系统

公园的中心区域是一个开敞的开放空间——银色森林中的一个大空地，其布局沿袭了之前农田的形式，以尊重和保持土壤的肥力。这种可耕种的、肥沃的土壤是非常有价值的，因此，设计仅仅对该场地的骨架进行了修整，以适应各种新用途。原来的农作物被树、草、地被或园林植物替代。这些由早期农业形成的长条平行带状地块，依据距离入口的远近做了不同的改变：在入口附近，地块被改造成景观，相对干燥的部分铺装了路面；距离入口越远，土地变得越有机、潮湿，杂草丛生。在沟渠之间，有三条生态路径、一条滨水道路（Recorrido Ebro）、一条农作物道路（Recorrido Alimento），还有一条外来引种植物道路（Recorrido Exótico），所有道路最后都结束于三个沙滩中的一个沙滩。不同高度的植被，它们各自在不同的地方以不同的形式竞相生长，这使得开放空间随着时间的改变而改变，随着植被不断自然生长，最初的几何形骨架会逐渐模糊。

易达的滨河小树林
步行道

最后的结果是，这个由埃布罗河环绕的公园，通过追溯场地过去的历史，重塑了河流环境中的场地。这是一个由基本框架出发的活的公园，它反映了许多当今重要的价值观：我们与自然的关系；对河流的自然活力的宽容，特别是洪水发生时对水的有效利用；原有景观的多功能化；自然环境的恢复；最后，为科学和人类创造更多附加值的愿望。（Iñaki Alday and Margarita Jover）

休闲区域
公园里的水花园

城市中自然改变的意义

The Shifting Meaning of Nature in the City

克里斯托夫·吉鲁特（Christophe Girot）

　　我们这个时代最伟大的神话之一，就是在城市的有限范围内与自然之间的特殊关系。那些已经适应这一特定环境的植物，从它们的自然栖息地和发源地移植过来时已经改变了意义，似乎已经获得了它们自己的语言。法国景观设计师吉勒斯·克莱门特（Gilles Clement）在他的小册子中的文章里精确地捍卫了一种特殊的自然状态，即因环境巨变引起的跨区域自发萌芽，以一种被遗弃的碎片形式出现。[1]城市里的大多数植物，无论是否为人工种植的，尽管不断受到狗、汽车和人群的无情袭击，都设法幸存下来，并试图给城市居民提供一个象征性的舒适外表和多样性。人们甚至可以完全接受这些勇敢的杂草，作为一种对自然韧性的当代隐喻！

　　另一方面，凭借使用培育品种（cultivar），园丁一直处于高度文明的和控制自然变异的中心角色。他们用耐心和决心照看这些植物，精心挑选、组合和控制不同特征的植物，有时会产生开花和长叶的奇特幻觉。但是，当这些培育品种如同配景图般遍布整个城市时，如何从自然的角度进行理解和感知却是不清晰的。它们可能是一种虚幻天堂的高级艺术，为今天的城市带来最强烈的自然形象。事实上，我们只是在谈论把分散在城镇周围的培育品种用不同的方法组合起来，以创造一种自然的幻觉。众所周知，城市是自然的对立面，不是说它的对应物，而是在单独的空间和感性的体验中把它们混淆，这无疑需要一个高水平的语义学的否定和对幻觉的否定。在这样恶劣的城市环境下，一种特殊的自然形式的成功，往往是由于其取得的视觉和物理幻觉的程度成正比。每一个城市都采用精心挑选的有植物编码的主色调，来影响城市里规整却不规则的次序，使其在不同程度上表现出一种自然感。巴塞罗那，用来自于阿根廷的黄色开花树木和蓝色的蓝花楹树，给她的大街和兰布拉斯（Ramblas）大道赋予了独特的异国情调。当游客看到成群翠绿色的、来自拉丁美洲的长尾小鹦鹉成对地从树上飞到对角线大道（Avinguda Diagonal）上时，他们的第一反应肯定是难以置信。这个城市真的已经成功地创造出一个完整的自然主义换位的感觉，人们在一瞬间几乎可以想象到站在布宜诺斯艾利斯市 Cerdà Bloc 角落里那棵金黄色的菩提豆树下。柏林是另一个关于如何深思熟虑地在城市里选择自然并使其与传统和谐共存的例子，方法是在主要城市轴线上种植小叶菩提树，现在这条路被命名为"菩提树下大街"（Unter den Linden）。菩提树在春末散发出的芬芳，把人们带回到西欧原始森林里的古老树木散发出的芳香中。而实际上，它并不是土生土长于勃兰登堡州非常贫瘠的沙质冰川冻土中。在柏林的土地上，唯一能够自然生长的树木是松树和桦树。因此，为柏林选择菩提树的目的是有高度象征意义的，其需要 19 世纪德国森林工程师的帮助来实现并表明首都对神秘的德国森林文化价值观的深深依恋。[2] 因此，植物的选择，尤其是城市中的树，需要精心的考量和试验，以提供一个适当的城市氛围。

但是，目前在如何展示城市绿化和绿化的价值方面，情况发生了巨大的变化。每个地方都在寻求适合的"自然效果"，以使自己能够与其他地方区别开来。在城市中，以快速和多变的方式来展示自然变得比以前更加普遍，然而树木不能胜任这种趋势，因为它们需要较长的生长周期，并且它们往往受到土壤条件和极端环境的限制而无法生长。将重点转向完全不同于树木的自然形式，引发了园艺创新方面的一些非凡举动，从而形成了意料之外的城市绿化形式。一些创新反映出了迄今未知的知识和风险，其与建立在传统园艺风格上的其他形式截然不同。帕特里克·布兰克发明的垂直花园就是一个优秀的案例。[3] 花园采用的生长技术叫作水培法，就是先在一套 PVC 板上贴上一层毛毡薄膜，然后把它们一起铆接固定在建筑立面上。垂直花园从当前流行的空中景观摄影的手法上借鉴了许多美学词汇，即在我们地球上一些无法到达的自然区域，通过从空中往下看，用非比寻常的特写镜头来展现热带森林冠层中微妙的纹理。[4] 摄影效果有些不真实且令人震惊！用一张现实中无法抓拍的自然图像，投射出热带森林冠层非凡的、丰富的绿色肌理。这些镜头是从天空中瞬间拍摄出来的，然后打印在纸上，展现了许多早已失去的荒野的图像。在垂直花园的案例里，从描绘和疏离度的角度来衡量垂直花园从这种摄影潮流中借鉴了多少是非常讽刺的。精心修剪、选择的植物，以垂直水培法生长在建筑的立面上，实际上是复制了一种非常类似于上述"俯视"的自然美学。这是视觉上的丰富，但是遥远，无法触碰，但这并不是说在城市的一些高墙上不能维护。垂直花园上的水培植物主要是一些地被和攀岩植被，它们生长活跃且快速，相互交织成不同的图案和肌理，在立面上形成令人惊奇的斑驳的植物叶片混合体。高科技的垂直花园，似乎是虚幻的和人为的，是自然的活生生的平面呈现，就像从空中拍摄的自然图像打印在纸上一样。垂直花园是非常戏剧化的，它是一片竖立在城市中的自然景观，它散发出一种直接的、几乎是原始的自然愉悦感，并且与城市的生态幻象完全吻合。事实上，垂直花园是悬挂在铆接在建筑物钢框架上的合成 PVC 片材上，这与直接欣赏植物没有任何差异，重要的是自然产生的吸引力和视觉效果的力量。

　　垂直花园所描绘的城市中自然的新去物质化，其影响是巨大的。这其中自然与建筑相互融合并称之为"生态"，由此产生了颇具讽刺的悖论，即城市绿化成为它的对立面（自然绿化）的精致且高度美化的托词。它让上述提到的那些由植被自发形成的粗野美学降级。为了解释这种在自然美学和对生态的感知欣赏方面发生的转变，人们必须首先承认垂直花园在本质上的诱惑力及其表现出的自然的崇高形式。无论是否生态，一个垂直的、活的植物墙所展现的强大的美，是不容易被哪怕最具活力的未经修整的植物群落所展现出来的生态美所替代的。难道我们对自然的理解和欣赏，特别是城市中的自然，是如此天真和深深植根于圣经描绘的天堂寓言中，以至于无法脱离这个图腾吗？有什么比建立经典的自然美和亨利·卢梭（Douanier Rousseau）在画中描绘的感性美更愉快的呢？布兰克和他的追随者们创造出的垂直花园的吸引力，与其说是对任何已经过验证的生态系统的回应，倒不如说是城市中自然的精确烙印。垂直花园的美是因其多样的、郁郁葱葱的绿色、紫色和蓝色植被一起向天空蔓延。而由意大利建筑师斯特凡诺·博埃里（Stefano Boeri）在米兰建造的"垂直森林"，在建筑的四面都有着非凡的绿化效果，它如同巴比伦空中花园的现代版本，为圣经寓言提供了又一参考。[5] 所有这些用绿色覆盖整个建筑的、自然的垂直形式，尽管生态价值很低，却铺平了通向天堂这一虚幻承诺的道路。它们强调且承诺了在地球上实现更好生活的可能性，一个我们的生活成指数级的提高可以与自然保持和谐的理想状态。事实上，上流社会的最新时尚是用活的垂直花园来取代以前墙上挂的那些画在帆布上的自然风景画，用他们所有的感官和家庭生活的显赫来展现自然的奇迹。

　　没有什么能取代自然直接对人类感官的物理作用的力量，自然总是能唤起所有有形的和愉悦的维度。然而，一个邋遢的自然，被遗弃在没有人维护的旧的棕地边，并不能同垂直花园一样表达出正面的感官情绪，尽管它们都有其固有的生态价值。一个邋遢的和一个精心照料的自然之间的感知差异，不仅仅是意识上的，它从属于更广泛的直观影响，并且可以立即深深地影响到个人感知。毕竟，精心照料的花园的感性形式，与无人照料的小灌木丛的粗糙现实相比，被感知和接受的程度不同。城市自然的即时感官满足是原始的，必须被认真地纳入平衡。有人可能会说，美学欣赏仅仅是一个教育的问题，但在我们这个新的生态时代，人们应该逐渐适应粗犷景观的新美学。Naturerfahrung 的概念是既符合逻辑又具有象征意义的状态，这往往导致环境和文化因素的自相矛盾的混合，人们几乎会为享受美丽的城市花园而感到内疚。那么，在充满异国情调的花朵边散步所获得的无尽的喜悦，是否会被一个珍贵却荒凉的生态丛林的美德所取代呢？从美学的角度看，我们对自然的理解与我们对生态的认识有很大的区别。以当前的全球环境危机为借口，混淆这两个领域，将导致价值观的深刻冲突。这种困惑是明显的，即使在社会最高的知识分子阶层里。法国哲学家米歇尔·塞尔（Michel Serres）恳求拯救地球，并且把这些矛盾的观点和情绪融合在生源论（biogesis）上。[6] 但是，根据 Naturerfahrung，环境禁欲主义（environmental stoicism），不管其是如何有道德，永远不能取代经验和解的力量和通过继承我们的花园文化来实现与自然的交流。毕竟，对人类来说，景观的唯一目的不过是对自然基于精确标准的挪用。

不幸的是，生态领域的原教旨主义试图抹杀文化遗产与自然之间的关联。我们已经经历了一次文化革命，其试图通过提出在城市环境中假定的生态功能，来取代已有生态群落的花园。但是，这场革命完全忽略了从长期的文化传统中继承而来的景观美学，而且借口说景观美学与主要的环境问题相比是次要的。我们是不是混淆了从一般到具体的层次和尺度呢？如果这个假设实际上不确定呢？如果与城市中的自然美学有关的生态教条实际上把我们从更简单、更直接的与自然的接触中移除了呢？最主要的反驳人类与自然真实联系的理由是，人类已经做错了一些事，并且已无法弥补。这种对自然固有的内疚的假设，导致了我们与自然的审美关系显而易见的过分简单化。欧文·帕诺夫斯基（Erwin Panofsky）明确指出，我们与环境的关系，自文艺复兴以来一直是基于一个强大的象征形式。[7] 这种象征性纽带的持久性，而不是说它的韧性，仍然是我们对自然的日常体验的根源，而且它也不能在某些生态学的科学幌子下被抛弃。

某些环保机构反对在城市里引入所谓的"具有侵略性的新引种植物"（neophytes），就是一个很好的例子。在生态学术语里，"新引种植物"指的是生长在城市中的有害的、非本土植物品种。如果有人把这个教条应用到巴塞罗那，那这个城市的所有树木都将被拔除！还有其他类似的案例，例如在瑞士，一种像醉鱼草（buddleia）一样无害的植物被有关部门挑选出来根除，唯一的借口就是它不是本土植物。这种美丽的开花植物被系统清除，它们曾经在城市的街道和花园里吸引了无数的蝴蝶和昆虫，这是对我们文化历史的一种否定，当然，这也完全不能帮助我们更好地了解自然。一个众所周知的科学事实是整个欧洲植物的多样性已经明显降低，这也解释了为什么今天在我们的花园里，三分之二以上的园艺植物来自亚洲，尤其是中国。因此，一个城市必须由本土植被组成只是躲藏在生态背后的借口，臆想着这样会更宜居和更利于与自然沟通，这是相当愚蠢的！法国学者边留久（Augustin Berque）正确定义了两个世界的文化，它们深深地扎根于既定的景观传统之中，即中国文化和欧洲文化。[8]在当前时期，自然的象征意义正在改变，摒弃这一历史遗产的重要性不仅有害，而且适得其反。

　　城市生态与垂直花园的混淆是当前景观美学领域中众多对立的例子之一。这并没有真正有助于建立一个强大的象征性语言，以及在人与自然之间建立适当的平衡。为了滋养身体和心灵，城市中的自然和花园需要提供一种清晰的、易于理解的象征性结构和句法。在开阔的荒野的郊区，生态上的有效性并不在混乱的城市内部范围内。在充斥着无情、侵蚀、虐待和流离失所的城市，植物带给人的关怀和修复的重要意义是人类的必需品。一个人工培育的城市花园为什么不能比一些本土的灌木丛更加生态呢？在柏林的城市生态研究表明，城市已经成为自然多样性的非凡宝库和实验室。[9]我们是否可以想象，一个理想的自然环境也可以发生在城市里，并在适当的关注和照料下，变得象征性的强大。实际上，城市花园与生态不再对立，最合适的状态应在精心修剪的垂直花园和被忽视的城市灌木丛这对立的两极之间。事实上，我们需要自然来满足我们与植物进行新的感官交流的需求；而且，我们还需要城市景观，在这里人们可以认识到人、人的身体和环境之间新的平衡。在我们破碎的、马赛克似的城市土地上，城市花园可能是最后一个容器，能使我们修复与自然的美好关系。我们再也承受不起对植物的宗派主义，因为它们不属于植物。让我们为每一株植物的颜色和起源辩护，因为它们都值得在社会上占有一席之地。当前最重要的是恢复与自然的一种象征性的联系，这是充斥着环境禁欲主义的今天所亟需的。让我们把所有的植物聚集在一起，并赋予它们与自然之间亲密的平衡。自然因此成为一种城市的新的培养力，不仅创造出一个丰富和舒适的场所、一个被赞美和期待的地方，更是一个在我们的居所与世界之间平衡的明镜。

1   Gilles Clément, *Manifeste du Tiers Paysage*, Paris: Sujet-Objet/Editions JMP, 2005.

2   Simon Shama, *Landscape and Memory*, London, New York: Thames and Hudson, 1998.

3   Patrick Blanc, *The Vertical Garden: From Nature to the City*, New York: Norton & Co, 2008.

4   Yann Arthus Bertrand, *The Earth from Above*, New York: Harry N. Abrams, 2004.

5   Stefano Boeri, *Il Bosco verticale/The Vertical Forest*, Progetti e paesaggi international exhibition, Bologna 2008.

6   在法语中，"生源论"（biogesis）一词是"biogée"，指的是地球和地球上的所有生物。米歇尔·塞尔在他最近的文章《危机时刻》（*Temps de Crises*，Paris: ÉD. Le Pommier，2009）中使用了这个词。

    The word for biogesis in French is *biogée*; it signifies the planet Earth and all living forms on it. Serres uses the term in his most recent essay: Michel Serres, *Temps de Crises*, Paris: Éd. Le Pommier, 2009.

7   Erwin Panofsky, *Perspective as Symbolic Form*, translated by Christopher S. Wood, New York: Zone Books, 1991.

8   Augustin Berque, »Paysage, milieu, histoire«, in: Augustin Berque (Ed.), *Cinq propositions pour une théorie du paysage*, Grenoble: Champ Valon, 1994.

9   Ingo Kowarik, »Neue Wildnis, Naturschutz und Gestaltung«, *Garten + Landschaft* 114/2, 2004, pp. 12 – 15.

前波那梅斯飞机场，法兰克福，德国

GTL Gnüchtel Triebswetter Landschaftsarchitekten，卡塞尔，德国

尼达河（River Nidda）谷盆地位于法兰克福的北部，是今天法兰克福城市绿化带的一部分，同时它还是该市最重要的都市休憩区之一。在"冷战"时期，这个开放空间曾被美军占用，作为小型飞机的起落跑道，后来又改为直升机基地，这让当地居民非常懊悔。毛里斯罗斯陆军机场（The Maurice Rose Army Airfield）一直运行到 1992 年才关闭。军队撤离后，第一次改变用途是因为溜冰者重新开发了飞机跑道，而且在控制塔附近的建筑里由 Werkstatt Frankfurt 建起了一家咖啡馆。在 2001 年，法兰克福市买下了这个场地，计划把这块地改造成一个自然保护区，并作为城市绿化带的一部分。来自德国卡塞尔的 GTL 景观设计事务所（Gnüchtel Triebswetter Landschaftsarchitekten）接受委托为场地改造提供设计方案。方案的基本概念是把废弃的机场作为对场地使用历史和尼达河谷盆地的景观。诠释与全部拆毁早期的军事基础设施不同的是，场地的一些特征和元素被保留下来，并被整合到场地的永久性改造方案里。项目最终在 2004 年建成，实现了其在休闲、景观保护和维护场地历史遗迹上的多种目标。

2009 年的飞机跑道中轴线

建造任务：前毛里斯罗斯飞机场基地改造

景观设计：GTL Gnüchtel Triebswetter Landschaftsarchitekten, Grüner Weg 21, 34117 Kassel (www.gtl-landschaftsarchitekten.de)

项目位置：德国美茵河畔的法兰克福 / 波那梅斯 Alter Flugplatz, Am Burghof 55, 60437

业主：美茵河畔的法兰克福公园管理局

设计时间：2002—2003 年

建成时间：2004 年

占地面积：约 77000 平方米

材料和植被：利用现有材料，通过一系列演替过程看植被的生长，回收利用开裂、破碎的混凝土块和沥青表面，用拆除的瓦砾填充石笼；在塔楼咖啡馆前种植新树，并混合本地落叶树种；树木的提供和种植成为仪式的一部分

植物清单：在树林里种植新的植物：16 棵英国橡木（*Quercus robur*）、7 棵欧洲小叶椴（*Tilia cordata*）、8 棵黑桤木（*Alnus glutinosa*）、6 棵欧洲白蜡树（*Fraxinus excelsior*）、7 棵稠李（*Prunus padus*）、3 棵欧亚槭（*Acer pseudoplatanus*）、4 棵白柳树皮（*Salix alba*）；可淹没区域的植物：山羊柳（*Salix caprea*）、不同种类的桦树（*Betula*）、不同种类的杨树（*Populus*）

造价：约 90 万欧元

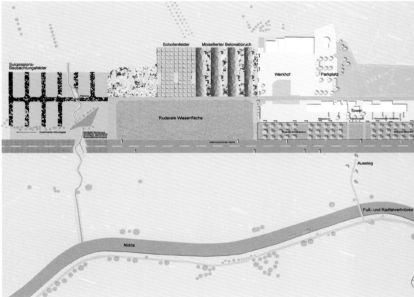

2004 年航拍照片
总平面图
颜色的痕迹，先锋植被

　　这个前飞机场场地的边界由以下限定：南部到与尼达河谷盆地接壤的城市边缘居住区 Frankfurter Berg，紧邻的是农田，及尼达河水道和它众多的古老支流，北部到看起来像村庄一样的波那梅斯区（district of Bonames）。机场场地本身构成了有机更新的（亚）城市景观中的一部分。通过一系列外科手术式的改造，这个早期被禁止进入的军事基地，现在已与河边的草坪和相邻的居住区连接在一起。

　　沥青表面的飞机跑道和停机坪共占地约 4.5 公顷。依据具体规划，三分之二的沥青表面被砸碎或被钻孔，一些受到污染的表面也被移除。然而，机场的基本骨架仍然可见。在过去的飞机停机坪和直升机停机位这些开敞的区域，其混凝土的地表面被分成不同的区，然后被碾碎成不同程度的块粒，这些块粒仍旧留在原处。尽管没有重新覆土，没有重新种植和用种子进行播种，但是场地上的植被却自发生长出来。设计师用最简单的方法创造了一些具有特殊魅力的区域，如把大块的混凝土板堆积起来形成观景点，或者把一些灌木丛塞进这些缝隙里，其灵感来源于德国风景画家卡斯帕·大卫·弗里德里希（Caspar David Friedrich）的绘画作品《冰的海》。通过覆盖一些排水区域和分流卡尔巴赫（Kalbach）支流，在地势较低的区域以及典型的动植物群落边形成新的湖泊和水塘，以增加场地曾经作为洪泛平原的体验。场地的整个复兴发展过程由德国的森根堡（Senckenberg）研究所进行长期的监测研究。在整个项目里，唯一重新种植的区域是位于咖啡馆前一段 250 米长的滨水树林。它们的维护费用是由树木供应商赞助的。场地其他的维护工作就是一年一次在被洪水淹没的草坪上剪一次草。

　　在塔楼侧面的飞机跑道保持了原来的宽度，仍然受到溜冰和骑自行车人群的欢迎。用零散的混凝土块装填的石笼坐凳，松散地布置在场地上以供人们就座。在跑道的西端，沿着跑

在跑道上的运动项目
在沥青和混凝土块中寻找青蛙

道的中心轴线，只保留下来一条非常狭窄的通道。它两边的沥青路面被敲碎和打破，今天已经长满了柳树。一座跨越尼达河的新桥和一条由金属格栅铺设的人行道，把飞机场与南部的常有人光顾的滨水步道连接起来。一些既有建筑被赋予了新的用途。在"绿色课堂"上，来参观的儿童和学校学生们在这片回归自然的场地里，可以更多地探索发现。原本的小飞机库现在被改造成一个航空工作坊。其中一个最大的飞机库现在被改造为法兰克福消防博物馆。咖啡馆塔楼仍然像以往一样受欢迎，并且现在还可以作为晚上举办活动的舞台。它的格子状的红白相间的外表，使其成为整个场地的标志。项目的设计概念是为这个曾经的飞机场建立一个开放的、能够反映自然更替和侵占的动态过程的空间，与通常理解的景观是一个固定的形象概念形成对比。飞机场已经成为一个新的城郊景观的一部分，并且不断变化，因为它是由动植物群接管，而不是人。（Yorck Förster）

由混凝土块堆砌成的观景台
2009 年 6 月的沥青块

韦斯特文化公园，阿姆斯特丹，荷兰

Gustafson Porter Ltd，伦敦，英国

　　"转换"是古斯塔夫森·波特（Gustafson Porter）在荷兰阿姆斯特丹韦斯特文化公园（Westergasfabriek）设计竞赛中的中标方案。方案通过提供多样的空间和时间上的体验，来回应公园的总体规划。韦斯特文化公园是一个19世纪的工业场地，尽管部分已被拆除，但新的设计概念完整保留了原来总体布局的遗迹。韦斯特文化公园的景观设计表达了人们对环境及其产生的景观类型不断改变的观点和态度。同时，该方案还强调了项目在城市与自然之间的定位。

　　工业革命为一些最具破坏力的污染提供了条件。这种污染在第二次世界大战及其后的快速经济重建中变本加厉。因此，生态运动，无论在过去还是现在，都是一个必要的回应。摆在我们面前的问题是，在一个遭受重度污染的、曾经作为汽油厂的场地新建一个公共公园，

中轴线

建造任务：把一个重度污染的棕地改造为一个文化休闲公园

景观设计：Gustafson Porter Ltd, Linton House, 39-51 Highgate Road, London NW5 1RS (www.gustafson-porter.com)

项目位置：荷兰阿姆斯特丹 Haarlemmerweg

业主：Stadsteel Westerpark

竞赛时间：1997 年

建成时间：项目一期 2004 年；项目二期 2005 年

占地面积：11.5 公顷

植物清单：*Liriodendron tulipifera, Saphora japonica, Fagus sylvatica, Robinia pseudoacacia 'Frisia', Liquidambar styraciflua, Buxus sempervirens, Prunus maackii, Prunus x yedoensis, Quercus palustris, Nyssa sylvatica, Acer rubrum 'October Glory', Acer griseum, Acer saccharum, Acer japonica 'Aureum', Magnolia acuminata 'Memory', Magnolia stellata 'Water Lily', Nothofagus antarctica, Anemone nemerosa, Galanthus nivalis, Symphytum grandiflorum, Hyacintoides x hispanica, Buxus macrophylla 'Winter Gem', Ilex verticillata 'Winter Red', Ilex glabra 'Niagra', Geranium macrorrhizum, Salix babylonica, Salix alba 'Tristis', Salix alba 'Serica', Cladrastis dentudea (lutea), Aponogeton distachyos, Digitalis lutea, Fraxinus americana, Iris laevigata 'Purpurea', Iris ensata, Carex nudata, Taxodium distichum, Carex vesicaria, Spartina pectinata and Schoenoplectus, Salix purpurea, Salix acutifolia, Salix irrorata, Carpinus betulus, Corylopsis platypetala, Sambucus racemosa 'Plumosa Aurea', Davidia involucrata 'Vilmoriniana', Cornus alternifolia 'Argentea', Acer palmatum 'Aoyagi', Gunnera manicata, Crambe cordifolia, Osmunda regalis, Aruncus dioicus 'Kneiffii'*

造价：投标价 1400 万欧元，建造花费 2300 万欧元

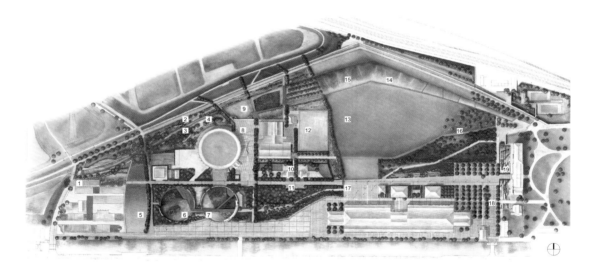

1　中轴线	13　举办活动的草坪
2　湿地花园	14　喷泉
3　Fern 小瀑布	15　湖
4　林中小空地	16　地形堆坡
5　雕塑草坪	17　社区
6　储油罐，荷花池	18　"市场广场"
7　储油罐，水生花园	19　"彩色地带"
8　剧场广场	
9　滨水露台	
10　儿童游乐场	
11　储油罐土堆	
12　合球馆	

总平面图

水上平台的人行浮桥道

林中步道

我们也只能从生态的角度来回应这个问题。受污染的土壤不能简单地挖走，这只会在其他地方制造新的问题。因此，通过计算挖填土方平衡，用新的土壤代替受污染的土壤，保持建筑周围现有的地平面高度，并且用多余的土壤来创造新的起伏地形。

公园的使用是两方面的，它既是一个绿色的自然环境，又是一个有各种室内外活动的文化中心。一条中央大道——中轴线，把市政厅（Stadsdeelraad）与城市艺术宫（Cité des Artisets）及其之间的各种开放空间连接起来，相邻的空间增加了各种不同的氛围。乡土植被与精心筛选过的植被相互搭配，表达出人类需求与自然秩序之间的动态。公园东面尽端的气氛显得更正式，更具传统花园的特征。在公园的东入口规划了一条"彩色地带"，作为既有市政厅的花圃。西边的"市场广场"设计为一个灵活的前厅空间，当举办各种活动时，一些市场摊位和自行车可以布置在成排的郁金香树（*Liriodendron tulipifera*）之间。公园的中部区域，反映了第二次世界大战后把景观作为一种支持运动、休闲和娱乐功能的态度。西北

储油罐区的水花园
储油罐区的荷花塘
芦苇荡

部的开拓区，反映出近期对纯粹的自然／生态手法的需求。公园的西面尽端，体现了当前在生态思想上的改变，那就是要达到环境的和谐，人类也必须参与进来。

公园的中心是举办各种活动的区域。一个大斜坡草坪通向一个人工湖，石铺的湖底抽干时可用作举办活动和节日的场地。加固的草坪可以允许音乐会和展览的设备在其上运输，而且，由于草坪开阔的空间和中心位置，使其成为家庭野餐、休闲散步和悠闲活动的理想场地，比如可以放风筝，或者让孩子们玩球和运动类游戏。这个湖和"户外剧场的地形丘"（Amphitheatre Mound）一起限定了北边的空间区域。带有雕塑的户外剧场遮挡了来自铁路的噪声，并且提供了一个朝南的坡面，使人们可以舒适地斜躺在这观看下面草坪上的活动。亲水设计和湖里的踏脚石使其成为炎热夏天里完美的游玩场所。在北边的广场，韦斯特文化公园现存的大树朝东面延伸，一些新的树和植被种植在沿着公园尽端的土坡上。大道沿着一条斜线穿过这些树木，横跨村庄北部的中轴线，并且继续向西南方向延伸，一直到圆形的水面和利用已有的汽油罐改造的莲花池。树木的种植特色在储油罐附近有所改变。新种的垂柳像裙边一样装饰着油罐下面的基础结构，这里是污染最严重的区域，所以被封盖起来，成了一个安静的荷花池和绿色的水上花园。在这些地方，还添加了浮木过道和高低不同的平台。在公园北部的边界的中央人工湖有一处滨水露台。水向西流淌，越过一系列的水堰后，从"落羽杉池"（Taxodium Pool）进入到芦苇荡，在这里进一步过滤后，最后汇入"剧院湖"和"湿地花园"。

在结冰的湖面上滑冰

　　韦斯特文化公园被认为是在高密度的城市背景下，一个棕地修复的示范案例，它满足了一系列复杂的利益相关者的需求。在施工建设时，几乎没有先例存在，除了德国的国际建筑展埃姆舍公园（IBA Emscher Park）和西班牙的毕尔巴鄂河 2000 计划（Bilbao Ría 2000），两者都回应了不同的城市背景与尺度。古斯塔夫森的愿景是创造一个有活力的景观——在工业产品和重新定义的自然与文化背景之间，创造一个协同一致的表达方式。（Neil Porter and Kathryn Gustafson）

从"户外剧场的地形丘"俯瞰湖面

城市绿化维护！
The Upkeep of Urban Green!

诺伯特·屈恩（Norbert Kühn）

　　《花园：一个变化的地方》（*Der Garten - ein Ort des Wandels*）是 2006 年出版的一本关于花园保护的书，由埃里克·德·容（Erik de Jong）、埃里卡·施密特（Erika Schmidt）和布里吉特·西格尔（Brigitt Sigel）共同编著。[1] 尽管这本书有很多不同的方法来解读，但是它清晰地反映了在建构自然环境时的动态自然。同样的观点最早可以追溯到 1843 年的赫曼·凡·平克勒 - 穆斯考（Hermann Fürst Pückler）[①]，他曾写道："园林景观，不可能像画家、雕塑家和建筑师一样，创造一个完成的、永久的艺术作品。因为我们的材料不是没有生命的，而是活的……；我们可以说景观园艺师的艺术创作就像是自然的自拍照……，是变换的，而不是一成不变的；想要维护它的美丽，一双技艺精巧的手是必需的。"[2] 由此他得出一个结论，对此类作品进行有效的引导是必要的。如果没有维护和持续的发展，景观将失去它们的品质、魅力和功能，也可以说除了是新的其他什么也不是。

　　因为花园景观的分解和衰退是每天都在发生的非常明显的事，可这又是我们在设计日常开放空间时最容易忽略的。那么，到底什么是花园保护的中心主题？当规划者已经着手努力控制建筑的预算时，他们往往不愿意被提醒将要面对的花园维护费用。因此，很多公园和开放空间只是根据短期的愿景来设计，其余的将在某种程度上靠自己解决。当可持续发展作为一个考虑因素时，导致了设计师尽量避免高维护的土地利用和复杂的种植设计，反而喜欢在大片草坪的边沿上使用金属、石头和混凝土，以及由繁茂树木组成的简单背景墙。[3]

　　景观建筑师作为设计师必须有热情，因为他通过一个介于技术与艺术之间的创造性行为，创造了一个新的空间。设计是他的原创作品。尽管找到资金营造一个新的绿色开放空间变得越来越困难，但是人们仍然能够找到愿意资助的投资者。相比之下，开放空间的后期维护和发展却很少受到关注，尽管后期维护才是让一个初出茅庐的景观作品发展为功能实用的公园的关键，但是赞助人很少愿意在后期维护上投资。私人客户和基金会一样，对后期的花费不重视，并由于这一原因，常常把问题留给公众来处理。但是，到底在什么时候公园会失去它的功能性，又是什么人能够阻止其逐渐衰落呢？对于建筑的衰退，人们会很快做出反应，但是对于开放空间却不一样，其结果就导致了公园在得不到进一步发展的情况下逐渐老化。

---

① 赫尔曼·凡·平克勒 - 穆斯考（Hermann Fürst von Pückler-Muskau，1785—1871 年）是一位德国贵族，游记作家和一流的园艺设计师。穆斯考园 (Muskauer Park) 是他于 1815—1844 年建造的景观公园，公园横跨尼斯河和波兰与德国的边境，面积约 560 公顷，是欧洲最大的英式园林，堪称世界上最美的景观和园林艺术品之一。——译者注

在 20 世纪 80 年代，一些新的公园开始制定维护计划，预设了是否需要采取维护措施的评价准则，以及在何种情况下应该采取何种措施。只有当这些标准与真正的生活发生联系时，这本厚厚的规范才算真正的成功。此时需要一个机构实时监测景观情况，记录变化以及适时采取措施。为了能够自发地对不可预见的变化做出反应，工作人员必须能够理解设计的目的，无论这种变化是由于动态的自然发展还是人为干涉所引起的。这是一个相当吃力不讨好的工作，而且最荒谬的是，只有当维护是不被觉察时，才是成功的。在当今时代，没有什么比一个认真负责，且人人受益，却没人注意到的工作更缺少吸引力和政治价值了。公园的维护工作只有在不由公共服务承担时才能运行良好（近年来，公共服务在时间、资金、专业资质和从业人员方面，遭到不负责任的预算削减），现在更倾向由一个政治独立，且能够管理自身经济资金的机构来实施公园维护计划。在柏林，有一个名为 Grün Berlin Park und Garten GmbH 的非营利组织，通过基金的方式来管理历史公园及其土地，这已经树立了一个成功的典范。

有些话似乎是近乎神奇的承诺，连政治家都无从拒绝它的吸引力。"城市绿地管理"就是这样一个案例。围绕这一术语的辩论最终被证明是富有成果的，它让我们针对以下问题找到了更好的办法：如何制定高效的决策机制，如何分担责任，如何使用地理信息系统应用程序（GIS application）[4] 解决土地问题，如何计算绿地维护的实际成本。[5] 把绿地划分成不同的等级，至少可以清晰地知道每种类型的绿地到底能花多少钱。而且，它也可以解决如何节省 50000 欧元的问题，比如，降低 5 公顷公园土地的维护等级。但是，无论多好的管理机制都不能解决缺乏人力和财力支持这种根本性问题。

高科技的花园维护是未来更合理和高效地维护花园的理想，尤其是减少人力成本。但是，到底有多少维护任务可以改用自动化呢？供水和灌溉系统肯定是候选的对象，现在已经有很多公司可以提供不同类型的相关产品，并且还在不断完善中。[6] 也许，草坪和绿篱的修剪也可以自动化，想象一下一个由操控杆来控制的机器人在做修剪。但这就是全部工作吗？单棵树的砍伐、除草、修剪和种植多年生、一年生的植物都需要真实的人来做。事实上，就连设备管理公司都已经逐渐意识到需要对人进行充分的培训。问题的根源在于我们这个信息社会在面对一个陈旧刻板的问题时无助：一个公园不能被远程遥控或者由计算机驱动来管理，它需要持续的观察来监测其变化，需要以目标为导向的持续维护方案和干预措施，以使其运行良好。绿色空间需要真正的人——尽责的人、规划师和园丁——为它的持续存在而努力工作。

21 世纪是否会增加发展绿色空间上的投资，这是不可预测的。政治家们一起为他们的绿色城市感到自豪的同时，绿色空间的可持续发展和维护仍然缺乏政治关注度。为了应对气候变化，可能会产生一个新的政治优先关注事项排序。气候变化虽然是不可避免的，但至少可以通过确保城市里有足够的绿色空间来使得气候还在可忍受的范围内。但这真的能让公园和花园得到精心的维护吗？或者简单地从定量的角度上考量：绿地越多就越好吗？最可能的情况是，在未来，公共绿地将越来越少于那些集中种满花卉的小绿化、细心照料的草坪和精致的草本植物。[7] 历史花园将会变成这个样子。自然保护区很有可能会成为余下为数不多的生物多样性的"飞地"，至少维持到人们还愿意去负担它的费用的时候。

　　城市中绿色空间的诸多作用中的几个方面将变得比以往任何时候都重要，即其作为补偿性气候缓冲区的功能、被不同的人群使用，以及它是人们体验自然的途径。因此，未来的公共空间不应该退化为缺少绿色的地块。景观，无论在其低谷还是高潮时期，都应该被理解为是一种竭尽所能的创造性挑战，自然的多样性及其在与人类相关时如何呈现，都是景观的一部分。它的范围应该很大，从私人花园用地，到城市农业和园艺；从广泛意义上的多种用途的公共空间，到植被多样丰富且有自然步道的公园。

　　如此多样的植被体系似乎与我们前面讨论的植物维护问题相矛盾。但是，为了使体验更加丰富，在做植物规划时可以加进生态系统的视角。近年来，在草本植物的规划上出现了一种趋势，就是创造模拟自然生长的植物群落的同时，还具有强烈的美学形象。与单独强调个别植物不同的是，其要达到的预期效果是开花植物的整体印象。所用的植物包括能够在预先种植的种子混合物或植物模块中得到的草地或草原物种。通过简单的维护和培植方法，类似于那些用于栖息地管理的方法，一个多样且有着不同植被形式的植物群落会依据干预的强度、频率和种类而被创造出来。如果把这些原则应用于自发生长的非本土植物群落，就创造了一种无须费力的管理方式。运用创造力和生态学知识，尽管需要必要的合理措施，但可能产生新的多样性。公共绿地的未来，显然在于生态学知识和设计创意之间更强的联系，同时与其他领域也有合作发展的潜力。

1 Erik A. de Jong, Erika Schmidt, Brigitt Sigel (Eds.), *Der Garten-ein Ort des Wandels. Perspektiven für die Denkmalpflege*, Zurich: VDF Hochschulverlag, 2006. A publication by the Institute for Historic Building Research and Conservation at the ETH Swiss Federal Institute of Technology in Zurich, Volume 26.

2 Hermann Fürst von Pückler-Muskau, *Hints on Landscape Gardening*, translated by Bernhard Sickert, edited by Samuel Parsons, Jr., Boston, New York: Houghton Mifflin: 1917, p. 105.

3 顺便说一句，我不认为这是在新规划的公园内植物重要性下降的唯一原因。有许多原因同时发生：人们普遍迷恋于植物形象不那么壮观的设计；规划师缺乏植物知识，导致许多人无法自行设计复杂的种植设计；解决许多不同的、相互竞争的利益很困难，导致没有一个清晰的概念方案；一种对尽可能远离信息社会的空间的普遍渴望，但最终导致了空洞的开放空间的产生。

4 GIS stands for »Geographic Information Systems«.

5 For detailed information see Alfred Niesel (Ed.), *Grünflächen-Pflegemanagement. Dynamische Pflege von Grün*, Stuttgart: Eugen Ulmer, 2006.

6 绿地的浇水和灌溉真的是我们应对即将到来的气候变化的主要问题吗？还是应该更积极地发展不需要任何额外灌溉的智能植被方案呢？

7 也许这只是西方消费社会保护既得利益的一个心理问题。在发展中国家和新兴工业国家的新兴城市群（在这种背景下，人们实际上不能只谈城市），甚至没有最基本的绿色空间。在那里，指定的开放空间，即使只是作为人类生命的一项基本配置，也不亚于一个生存问题。

作者简介

保罗·安德里亚斯（Paul Andreas）

出生于 1973 年，拥有艺术史和文化史硕士学位。自 2000 年以来，作为一名记者和作家，他为各种杂志、日报以及广播和电视撰写有关建筑和设计的专题文章。2007 年，他成为建筑、艺术和设计联络公共关系办公室主任，为法兰克福的德国建筑博物馆（Deutsches Architekturmuseum）负责新闻和宣传工作。生活和工作于杜塞尔多夫。

多萝西娅·德舍迈耶（Dorothea Deschermeier）

出生于 1976 年，在慕尼黑、柏林和博洛尼亚学习艺术史，并于 2007 年在博洛尼亚大学（Università di Bologna）获得能源企业架构方向的博士学位。2003—2008 年在博洛尼亚的 G7 工作室（Studio G7）工作；2008—2010 年在法兰克福的德国建筑博物馆担任学术实习生。自 2010 年以来，在瑞士门德里西奥建筑学院（Accademia di architettura in Mendrisio）任学术助理。

约克·福斯特（Yorck Förster ）

1964 年出生于汉诺威，在德国法兰克福大学（Johann Wolfgang Goethe-Universität）学习哲学、社会学和艺术教育。他是法兰克福德国建筑博物馆的自由撰稿人和记者。

尹肯·福尔曼（Inken Formann）

出生于 1976 年，曾在德国汉诺威大学学习景观和开放空间规划，在大学的园艺与景观设计中心获得博士学位。在德国黑森州的公共住宅和花园管理局（Administration of the Public Stately Homes & Gardens）接受过培训后，成为德累斯顿工业大学 (TU Dresden) 风景园林历史系的一名教职人员。2009 年，她被任命为德国黑森州公共住宅和花园管理局花园部门负责人。

克里斯托夫·吉鲁特（Christophe Girot ）

1957 年出生于巴黎，曾在美国加利福尼亚大学伯克利分校获得建筑硕士和景观建筑学硕士双学位。1987—1990 年在加利福尼亚大学伯克利分校和加利福尼亚大学戴维斯分校任讲师。1990 年被任命为法国凡尔赛高等景观设计学院（École Nationale Supérieure du Paysage）景观设计系教授，后来任系主任。自 2001 年以来，吉鲁特一直在苏黎世联邦理工学院（ETH）建筑学院景观设计系任全职教授。他的研究涉及三个基本主题：景观设计中新的拓扑方法、景观分析和感知的新媒体，以及最近的景观设计历史和理论。

吉鲁特先生在苏黎世进行景观设计实践。他的作品已经在许多国家出版和展出，包括在美国纽约现代艺术博物馆（MoMA）举办的第一届景观设计展览"Groundswell"，以及在哈佛大学举办的关于欧洲景观建筑的展览。克里斯托夫·吉鲁特是2013年德国国际建筑展（IBA Hamburg 2013）的策展人。

沃尔夫冈·哈伯（Wolfgang Haber）

1925年出生于德国达特尔恩（Datteln），曾在四所大学学习生物、地理和化学，在德国明斯特大学（Westfälische Wilhelms-Universität Münster，WWU）获得博士学位。1958-1966年任明斯特自然历史博物馆的馆长；1966-1994年，任慕尼黑工业大学（TU München）景观生态学教授。1981-1990年为德国联邦政府环境问题专家委员会成员。他撰写了400多本关于自然保护和土地利用的著作。曾作为访问教授在日本、中国、奥地利和瑞士访学。

汉斯·伊贝林斯（Hans Ibelings）

1963年出生于荷兰鹿特丹，建筑历史学家，《A10新欧洲建筑》杂志编辑。1989-2000年任荷兰建筑学会（Nederlands Architectuurinstituut）负责人，2005-2007年任瑞士洛桑联邦理工学院（École Polytechnique Fédérale de Lausanne，EPFL）建筑史访问教授。他撰写过多本著作，包括《超现代主义：全球化时代的建筑》（*Supermodernism: Architecture in the Age of Globalisation*，1998/2003）。

理查德·英格索尔（Richard Ingersoll）

1949年出生于加利福尼亚，在加利福尼亚大学伯克利分校获得建筑历史博士学位。1986—1997年在莱斯大学（Rice University）任教，现任教于雪城大学佛罗伦萨分校（Syracuse University in Florence）。1983—1998年任《设计书评》（*Design Book Review*）编辑。 最近的出版物有《建筑与世界 建成环境的跨文化史》（*Architecture and the World. A Cross-Cultural History of the Built Environment*，2010）、《蔓延的城市，寻找边缘的城市》（*Sprawltown, Looking for the City on its Edge*，2006）、《世界建筑：一个批判的马赛克，1900—2000》第1卷：加拿大和美国（*World Architecture. A Critical Mosaic*，1900—2000. *Volume 1: Canada and the United States*，2000）。

德特勒夫·伊普森（Detlev Ipsen）

1945 出生在奥地利西部城市因斯布鲁克，曾在慕尼黑、维也纳、曼海姆、美国密歇根州的安娜堡、英国科尔切斯特学习社会学、心理学。他是德国卡塞尔大学（University of Kassel）城市与区域社会学教授，巴西阿雷格里港大学（University of Porto Alegre）和埃及米尼亚大学（El Minia）访问教授。研究领域：城市的空间意象和符号学、地方美学和景观对区域发展的作用。当前研究领域：中国巨构城市的动态景观。

法尔克·耶格（Falk Jaeger）

1950 年出生于德国奥特韦勒 / 萨尔（Ottweiler/Saar），曾在布伦瑞克（Braunschweig）、斯图加特和图宾根（Tübingen）学习建筑学和艺术史，在德国汉诺威工业大学（TU Hannover）获得博士学位。1983-1988 年在柏林工业大学（TU Berlin）建筑史和建筑测量研究所担任研究助理，此后陆续在多所大学担任多个教学职位。1993—2000 年在德累斯顿工业大学担任建筑理论教授。他在柏林以自由撰稿人和建筑评论家、新闻记者、策展人和演讲者的身份工作。他曾被德国建筑师协会（German National Chamber of Architects）授予建筑新闻奖一等奖，并获得德国建筑与工程协会的建筑文学奖（DAI Literature Prize for Architecture）。

凯伦·荣格（Karen Jung）

1974 年出生于德国明斯特，在卡尔斯鲁厄大学（Universität Karlsruhe）和苏黎世联邦理工学院学习建筑。在多个建筑师事务所工作后，成为卡尔斯鲁厄大学建筑研究所的成员。2006 年，她以论文《Porous Building Blocks》在苏黎世联邦理工学院获得博士学位，指导教师为 V. M. Lampugnani 教授和 Á. Moravánszky 教授。2006—2008 年为法兰克福德国建筑博物馆实习生，2008 年成为该馆的自由策展人。自 2009 年以来，一直在盖尔森基兴（Gelsenkirchen）担任建筑与工程艺术博物馆（M: AI Museum für Architektur und Ingenieurkunst NRW）的自由策展人。

诺伯特·屈恩（Norbert Kühn）

出生于 1964 年，曾在德国慕尼黑工业大学魏恩施泰凡校区（TU München-Weihenstephan）学习土地保护，获得植被生态学博士学位。自 1998 年起，他担任柏林工业大学田野植物学和植物应用的总工程师，2003 年成为植被技术和植物用途部门负责人。研究领域有植物应用理论、多年生草本植物应用、自然植被、开放空间规划和植物的历史使用。

卡西安 · 施密特（Cassian Schmidt）

1963 年出生于埃森市，在慕尼黑理工大学—魏恩施泰凡校区学习景观设计，是一位训练有素的园艺大师，尤其在草本植物领域。曾经作为园艺大师在美国工作一年。自 1998 年以来，一直担任德国巴登—符腾堡州魏恩海姆的 Hermannshof 展览花园主任。就如何在城市环境中使用植物，他广泛地在国内和国际上出版著作、发表演讲、提供咨询。1999 年起在盖森海姆的莱茵美因应用科学大学（Hochschule RheinMain）担任植物应用和设计讲师。2004 年成为德国园艺大师协会植物应用指导委员会主席。

塞斯 · 施罗德（Thies Schröder）

出生于 1965 年，曾在柏林工业大学学习景观规划。自 1986 年以来，他以自由撰稿人和编辑、作家和主持人的身份工作。他于 1999 年在柏林创建了咨询公司 ts redaction（2009 年 4 月更名为 ts|pk）。施罗德为私人和公共客户提供关于通信产品和概念的咨询。他曾在多所学校任教，如苏黎世联邦理工学院和柏林工业大学。从 2009 年起，任汉诺威莱布尼兹大学客座讲师。自 2004 年以来，担任在格雷芬海尼兴（Gräfenhainichen）的 Ferropolis GmbH 公司总经理，在那里他领导了欧洲最重要的工业文化遗产项目之一。

乌尔里希 · 马克西米安 · 舒曼（Ulrich Maximilian Schumann）

在海德堡和波恩学习艺术史、伊斯兰学和埃及古物学，在苏黎世联邦理工学院获得博士学位，在卡尔斯鲁厄大学获得博士后资格。专业是博物馆学，曾在苏黎世联邦理工学院、哈佛大学、代尔夫特理工大学（TU Delft）和卡尔斯鲁厄大学做关于艺术史、建筑和都市主义的讲座。他在世界范围内出版著作和举办讲座，经常参加各种学术会议和展览。

汉斯 – 彼得 · 施万克（Hans–Peter Schwanke）

出生于德国艾森，在特里尔和波恩攻读艺术与建筑史、考古学和地理学，并获得博士学位。曾任职于博物馆、历史保护机构、地方和国家政府，也曾在文化管理和新闻工作领域工作。自 2002 年以来，他一直担任杂志（www.kunstmarkt.com）编辑。他著书广泛，担任过不同的教学职位，并给予艺术史和建筑史方面的指导及作讲座。

贝亚特·塔德-瑞普（Beate Taudte-Repp）

出生于 1953 年，在接受训练成为一名教师后，曾担任不同出版社（Herold、Union、Suhrkamp）的编辑。1999 年之前，一直是《法兰克福汇报》（*Frankfurter Allgemeinen Zeitung*）的编辑，后来成为一名新闻记者、作家和法语/意大利语的翻译。她的著作包括《常绿花园》（*Immergrüne Gärten*, 2002）和《法兰克福棕榈园》（*Der Frankfurter Palmengarten*, 2005），还曾参与编写许多选集、目录和专业书籍。曾参与翻译让-亨利·法布尔（Jean-Henri Fabre）的著作《带我探索生活》（*Ich aber erforsche das Leben*, 2008）。

马克·特雷布（Marc Treib）

加利福尼亚大学伯克利分校建筑荣誉教授，也是一名专业的平面设计师和著名的景观与建筑历史学家和评论家。他在美国、日本和斯堪的那维亚半岛发表了很多关于现代与历史主题的文章，包括《日常现代主义：威廉·沃斯特的房子》（*An Everyday Modernism: The Houses of William Wurster*, 1995）和《以秒为单位计算的空间：飞利浦展馆、勒柯布西耶、埃德加德瓦莱塞》（*Space Calculated In Seconds: The Philips Pavilion, Le Corbusier, Edgard Varèse*, 1996）。最近的著作包括《巴黎野口勇：联合国教科文组织花园》（*Noguchi in Paris: The UNESCO Garden*, 2003）、《托马斯教堂，景观设计师：现代加州景观设计》（*Thomas Church, Landscape Architect: Designing a Modern California Landscape*, 2004）、《设置和流浪路径：关于景观和花园的著作》（*Settings and Stray Paths: Writings on Landscapes and Gardens*, 2005）、《绘画/思考：面对电子时代》（*Drawing/Thinking: Confronting an Electronic Age*, 2008）和《空间回忆：建筑与景观中的记忆》（*Spatial Recall: Memory in Architecture and Landscape*, 2009）。

乌多·维拉赫（Udo Weilacher）

出生于 1963 年，在慕尼黑理工大学—魏恩施泰凡校区和加利福尼亚州立理工大学波莫纳/洛杉矶分校（California State Polytechnic University in Pomona/Los Angeles）接受园艺训练和景观设计教育。1993-1998 年在德国卡尔斯鲁厄大学和瑞士苏黎世联邦理工学院作为瑞士风景园林大师迪尔特·基纳斯特（Dieter Kienast）教授的学术助理。2002—2009 年任汉诺威莱布尼茨大学（Leibniz Universität Hannover）景观建筑和设计教授。2009 年 4 月开始，在慕尼黑工业大学任景观设计和工业景观教授。

图片来源

上 t，下 b，左 l，右 r，中 m

译后记

城市是人类文明的结晶。世界上约一半以上的人口居住在城市里，而且这个比例还在持续增长。因此，无论是从人类城市的早期雏形到现代高度基础设施主义的现代都市，探索城市里的自然一直是从早期的城市建立者到今天的建筑师、景观设计师和规划师的重要主题。

城市与自然，从看似对立的两个方面，到如何使其相互融合以满足今天人们对自然日益增长的需求。在漫长的城市发展过程中，城市的形式和外部条件也在不断的发展与演变，因此，与之相匹配的都市绿化也从早期的狩猎场、花园、公园设计，到后工业时期的棕地、垃圾填埋场等，一直到今天的结合基础设施的景观都市主义、生态都市主义的演变。无论这种演变的主题或关注点是如何动态的变化，探索城市里的自然的最终目标是为生活在城市里的人们提供良好的生活环境，满足人们在身心健康和卫生条件方面的需求。如何探讨未来城市里人们对自然的需求，将挑战今天的设计师。

本书的外文原书是德语和英语对照的双语书籍，且第一写作语言是德语，这无疑给从英语译成中文增加了难度。在本书的翻译过程中，很多师长和朋友对文章的理解给予了许多帮助，我要感谢殷莞之、张凡等。由于本书反映的是在1990—2010年间欧洲景观的实际案例，在本文的翻译过程中，在欧洲的朋友和学生给予了很多帮助。我要感谢在法国的徐彦如对翻译初稿的通读和意见，特别是其中涉及法国项目的理解。还有在德国的金安和、周皓夫妇，由于本书不少案例是在德国的项目，他们对本书翻译中的一些疑难杂症进行解读，不少更是从德语直接进行考证，可以说是"呕心沥血"，我要特别感谢周皓。2017年译文初稿完成时，我的一些学生是这些文章的首批阅读者，他们对译文提出的意见和建议，给了我很多新鲜的眼光，我要感谢冯昊、吴珅晏、王梦琦、徐江音等。

我还要特别感谢建工出版社的编辑孙书妍，对本书逐字逐句的检查和校对，为译稿的整理和最终的出版付出巨大的心血。

研究本书的目的是打开视野看欧洲在近20年（1990—2010年）里，如何结合绿色植物进行城市内部空间设计。书中10位国际学者撰写的评论论文和27个设计实践案例涉及不同类型和不同尺度的设计，正如"项目的选择更加关注文化线索而不是地理位置，项目的目的是要类型的多样性和展现在城市里体验自然的当代设计方法的宽度和广度"。

中国正处于新的经济转型时期，我们当前面临的城市情况与欧洲在 1990—2010 年间的外部环境具有相似性。因此，通过对这些实践项目的解读和讨论，对其经验和方法进行总结、批判，无论是"健康的绿化"还是"装饰的绿化"，这些案例都可以启示中国正在进行的城市绿化建设，可以为城市的可持续发展和生态文明做出贡献。

城市是人类的家园。正如书中乌多·维拉赫所说："人类的未来在城市中，因此，未来城市的自然环境将在全球范围内具有重要的意义。"我们需要为未来城市生活方式可能需要的自然进行探索和挑战。

曾颖

于杭州，中国美术学院

2018 年 10 月